Die Schleifmaschine

in der Metallbearbeitung.

(Precision Grinding.)

H. Darbyshire.

Die Schleifmaschine

in der Metallbearbeitung.

Autorisierte deutsche Bearbeitung des Buches
„Precision Grinding“

von

G. L. S. Kronfeld.

Mit 77 Textfiguren.

Berlin.
Verlag von Julius Springer.
1908.

ISBN-13: 978-3-642-89354-4 e-ISBN-13: 978-3-642-91210-8
DOI: 10.1007/978-3-642-91210-8

Softcover reprint of the hardcover 1st edition 1908

Vorwort.

Die englische Ausgabe dieses Werkes entstand unter dem Gesichtspunkte, daß es notwendig sei, die praktische Entwicklung der Schleifprozesse und ihre Vorteile im Prinzip klarzulegen. Die ungeahnt große Bedeutung, die das Schleifen in der Metallbearbeitung mehr und mehr zu gewinnen berufen ist, macht es erforderlich, daß aus der Praxis heraus einmal die Resultate zusammengestellt werden, welche für das Schleifverfahren und seine Anwendung nach der technischen und wirtschaftlichen Seite hin gewinnbringend erscheinen.

Diese Gründe waren auch Veranlassung für die deutsche Ausgabe. Freilich konnte — für deutsche Verhältnisse — der englische Text nicht wörtlich übernommen werden. Überflüssige Breite der Darstellung wurde vielfach gekürzt, und neuere praktische Ergebnisse durch eingehendere Darstellung für den Leser klarer gestellt mit möglichst geringen Abweichungen vom englischen Original.

Zur weiteren Erläuterung habe ich eine Anzahl Illustrationen dem Texte neu hinzugefügt.

Ich entnahm die Figuren 2, 3, 4, 7, 9, 10, 14, 25 und 29 der Veröffentlichung von G. Schlesinger: Schleifversuche mit künstlichen Schmirgelscheiben usw. (Werkstattstechnik 1907. Seite 441 f.[1]); die Figuren 8, 17, 18, 23, 40, 53, 54, 64, 67, 68, 69 und 70 aus den Broschüren „Anleitung zur Inbetriebsetzung und Behandlung der Norton-Rundschleifmaschinen“, „Behandlung der Norton-Universal-Werkzeug-Schleifmaschinen im Betriebe“ und dem Kataloge der Firma Ludw. Loewe & Co. A.-G., Berlin; die Figuren 33, 48, 52, 56, 71 und 72 aus der Broschüre „Schleifmaschinen“ der Firma F. G. Kretschmer & Co,, Frankfurt a. M,

[1]) Siehe auch: Mitt. über Forschungsarbeiten a. d. Gebiete des Ingenieurwesens Heft 43. Berlin 1907.

Der Verfasser hat besonders auf die Bedeutung des Kapitels über Schleifscheiben hingewiesen. Mit Recht, denn es ist eine gründliche Kenntnis der verschiedenen Scheibenarten notwendig, um alle Schleifprozesse vorteilhaft durchzuführen.

Das Buch ist im wesentlichen für den Werkstattsmann bestimmt; es ist in leicht faßlicher Form geschrieben, und tiefgehende theoretische Erörterungen sind vermieden. Indessen erscheint es durchaus angebracht, daß auch der leitende und der konstruierende Ingenieur sich mit dem Inhalte des Buches näher befaßt, um die jeweiligen Erfordernisse des Schleifverfahrens richtig beurteilen zu können.

Des Vorschlags einer bestimmten Maschine oder Vorrichtung habe ich mich — im Sinne des Verfassers — enthalten.

Zum Schlusse möchte ich für die Überlassung der Klischees den Herausgebern der genannten Broschüren und Arbeiten, sowie Herrn Prof. Dr. Ing. G. Schlesinger für seinen freundlichen Rat und Herrn Konstruktions-Ingenieur O. Rambuscheck für seine gütige Hilfe beim Lesen der Korrekturen meinen ergebensten Dank aussprechen.

Berlin, Mai 1908.

G. L. S. Kronfeld.

Inhaltsverzeichnis.

Erstes Kapitel.

Vorteile des Schleifens.

Der Maschinenschliff, wie er heute in der Technik angewandt wird, ist von den bekannten Mitteln zur Erzielung hoher Genauigkeit und Güte der Arbeit, welche im modernen Betrieb erforderlich sind, das vorteilhafteste. Der früheste Versuch, Präzisionsarbeit mit einer Schleifscheibe zu erzielen, war die Nachbearbeitung von gehärteten Stahlstücken. Die aus der Anwendung derselben sich ergebenden Schwierigkeiten verzögerten jedoch die Entwickelung der Schleiferei.

Die Schwierigkeiten, auf die man stieß, wurden hervorgerufen durch das Auftreten starker Temperaturerhöhungen beim Schleifen, durch den Mangel an gut konstruierten Maschinen und durch die beschränkte Erfahrung und die geringen Sachkenntnisse der Schleifscheiben - Fabrikanten. Eine Drehbank zum Schleifen von gehärteten zylindrischen Arbeitsstücken war die erste Art der Schleifmaschine, und ihre wenig befriedigenden Ergebnisse führten zu der Konstruktion einer Maschine, welche nur zum Schleifen diente. Hier stellte sich das erste Hindernis heraus: die durch die Scheibe erzeugte hohe Temperatur und die evtl. Mittel zu ihrer Beseitigung waren bei der Konstruktion der Maschine nicht berücksichtigt; dadurch war die Benutzung einer dünnen Scheibe und eines langsamen Vorschubs erforderlich, so daß die entstehenden Kosten das Schleifen beinahe unmöglich machten. Als man dies erkannt hatte, nahm man seine Zuflucht zur Wasserkühlung; und die so erzielten besseren Resultate gaben Veranlassung schließlich auch Versuche mit weichen Metallen vorzunehmen. Jetzt kam man aber in Verlegenheit mit den Scheiben. Die Erfahrung zeigt, daß eine Scheibe, welche sich für ein Material gut eignet, für ein anderes entweder gar nicht geeignet ist, oder doch nur sehr wenig befriedigende Resultate zeitigt. Infolgedessen erwachte das Interesse der

Schmirgelscheibenfabrikanten, das zu den heutigen durchschlagenden Erfolgen geführt hat. Bis vor kurzem war man der Ansicht, daß Schleifmaschinen nur dann Anwendung finden sollten, wenn die größte Genauigkeit erforderlich war. Maschinenteile durch Schleifen fertig zu bearbeiten, wurde im allgemeinen nur als Luxus angesehen, der außer dem besseren Aussehen des Produkts keine anderen wesentlichen Vorteile bot. Diese Ansicht haben noch heute viele, welche mit der modernen Entwickelung nicht Schritt halten konnten. Man kann heute getrost behaupten, daß es kaum einen Maschinenteil gibt, der besser und billiger hergestellt werden könnte als durch Schleifen, vorausgesetzt, daß die Gestalt dieses Teils zum Schleifen geeignet ist.

Es sei gestattet, hier einige Vorteile des Schleifens anzugeben:

Die Widerstandsfähigkeit eines Zapfens ist abhängig von der Güte der Fertigbearbeitung und von der Gleichförmigkeit der Oberfläche. Hat eine Welle zwei oder mehr Zapfen, so müssen dieselben alle genau fluchten. Diese Genauigkeit und ebenso eine gewisse Sauberkeit bei der Herstellung kann zwar von einem guten Dreher in einiger Zeit entweder durch kleine Schnitte oder durch Feilen und Schmirgelleinwand erreicht werden; die Schleifmaschine aber arbeitet weit besser und in der Hälfte der Zeit, Transportkosten von der Drehbank zur Schleifmaschine einberechnet. Als eine weitere Erläuterung können wir das Beispiel in Fig. 1 nehmen, A und B sind die Zapfen

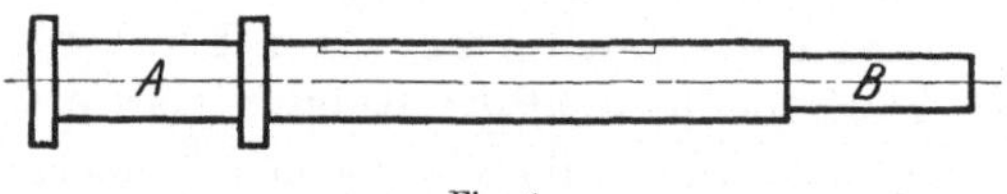

Fig. 1.

einer Welle, welche auf einer Drehbank vorsichtig angefertigt wurde, und in welche eine Keilnut eingefräst ist. Bekanntlich wird durch die letztere Operation die Welle sich verziehen, und wird, obwohl die Biegung so klein ist, daß sie kaum wahrnehmbar ist, trotzdem den Einfluß haben, warme Lager und andere Unannehmlichkeiten zu erzeugen. Die Überlegenheit der Schleifmaschine besteht darin, daß die Welle zuerst auf der Drehbank geschruppt wird, dann die Keilnut gefräst und schließlich auf der Schleifmaschine geschlichtet wird, und somit das nachträgliche Verziehen der Welle ausgeschlossen ist. Um ein Arbeitsstück sauber zu drehen, braucht man langsame Vorschübe sowie Feilen und Schmirgelleinwand, und letztere verursachen Kosten; um es dagegen auf der Schleifmaschine fertigzumachen, genügt grobes Drehen, und die Zeit des Fertigschleifens beträgt nur einen Bruchteil von der des Feilens, während die Arbeit wegen ihrer Sauberkeit der ersteren weit überlegen ist. Die Kosten durch Abnutzung der Schleifscheiben sind auch geringere als die der Schmirgelleinwand und der Feilen. Bis zu einem gewissen Durchmesser ist für glatte zylindrische Stücke ein Vordrehen überhaupt nicht nötig, und die einzigen vor dem Schleifen auszuführenden Operationen sind das Anbohren der Zentrierlöcher und das Geraderichten der rohen schwarzen Stange. Als Beispiel dieses letzten Vorteils können wir eine gewöhnliche Bohrstange nehmen, welche, da sie widerstandsfähig sein muß, aus kohlenstoffreichem Stahl hergestellt wird. Um einen Vergleich zwischen den Vorteilen der Schleifmaschine und der Drehbank zu ziehen, müssen wir die maschinellen Prozesse verfolgen. Für eine 50 × 1830 mm Bohrstange werden wir als Rohmaterial eine schwarze 54 × 1833 mm Stange nehmen; sie wird vorsichtig gedreht, gefeilt und auf erforderliche Länge abgestochen, was eine Arbeit von mindestens acht bis zehn Stunden bedeutet. Nach diesen Operationen werden die Schlitze für die Messer eingearbeitet, und dann findet man, daß die Stange sich verzogen hat und gerade gerichtet werden muß. Außerdem entstehen durch die Nut- und Bohroperationen kleine Krümmungen und Ungleichförmigkeiten im Durchmesser, welcher doch vorher gerade mit so großer Sorgfalt erzielt worden war. Alle diese Kleinigkeiten müssen korrigiert werden, bevor die Stange gebrauchsfähig wird, und eine Menge Zeit geht dadurch verloren. — Der Schleifprozeß wird folgendermaßen ausgeführt: man nimmt eine Stange von 52 × 1830 mm und wird dieselbe bis auf ca. 50,5 mm grobschleifen; hier tritt die erste Ersparnis ein, nämlich an den Kosten des Rohmaterials. Nach dem Grobschleifen, das vielleicht dreißig Minuten auf einer modernen Maschine dauert, stellt man die Schlitze für die Messer her und schleift die Stange auf ihren richtigen Durchmesser. Diese letztere Operation dürfte nicht länger als eine Stunde dauern, und wir haben eine Stange, welche überall den gleichen Durchmesser hat, und an welcher keine Korrekturen, wie bei der Drehbankmethode, auszuführen sind.

Diese einzelnen Fälle wurden angeführt, um die Überlegenheit der Schleifmethode und die bessere Qualität der so erzielten Arbeit zu beweisen, aber sie können auch als Beweis dafür genommen werden, daß Schleifen sich auch dann rentiert, wenn die Arbeit kein Massenerzeugnis ist. Eine herrschende Ansicht ist noch immer, daß das Schleifen teuer wird, wenn nicht eine genügende Menge von gleichen Arbeitsstücken zu schleifen ist; das Gegenteil ist aber der Fall. Es ist schwer, einen Fall vorzubringen, bei welchem genaue Arbeit billiger hergestellt werden kann als durch Schleifen, so klein die Zahl der Stücke sein mag. Solche Fälle mögen vorkommen, die Gründe dafür werden dann aber auf schlechtes Schleifen oder schlechte Organisation zurückzuführen sein.

Wie die Universalfräsmaschine, die selbsttätige Räderfräsmaschine und andere ähnliche Werkzeugmaschinen durch ihre vervollkommnete Konstruktion Arbeitsstücke liefern, die durchaus den bei der Einstellung der Maschine gestellten Bedingungen entsprechen, so sind die modernen Schleifmaschinen ebenfalls fähig die Arbeitsstücke in der kürzesten Zeit auf das genaueste Maß herzustellen. Man ist durch die selbsttätige Feineinstellung imstande die Arbeit dauernd zu kontrollieren und diese Anstellung an einem beliebigen Punkte selbsttätig zu unterbrechen.

Durch die erzielten befriedigenden Resultate hat das Schleifen sich so entwickelt, daß die Konstruktion von Spezialmaschinen für verschiedene Zwecke jetzt ganz gewöhnlich ist. Wir haben z. B. Maschinen zum Schleifen von Daumen und anderen exzentrischen Gegenständen, zum Schleifen von Zylindern, bei welchem der Zylinder still steht und die Scheibe außer der rotierenden eine zweite kreisende Bewegung ausführt usw.

In dem Vorwort zu diesem Buche wurde die besondere Aufmerksamkeit auf das Kapitel über Schmirgelscheiben hingelenkt; denn in der richtigen Beurteilung derselben liegt fast die ganze Kunst des Schleifens. Eine Maschine mag hinsichtlich ihrer Konstruktion vollkommen sein: ohne geeignete Scheiben und einige Kenntnisse ihrer Eigenschaften kann sie nicht mit vollem Vorteil ausgenutzt werden. Weiter unten ist ein Versuch gemacht, Belehrung über diesen Punkt zu erteilen, soweit die Fähigkeit des Autors das erlaubt. Er erwartet nicht, daß jeder mit seinen Theorien übereinstimmt, von denen einige streng kritisiert werden mögen; aber seine Entschuldigung besteht darin, daß seine Schlüsse aus langjähriger Erfahrung stammen.

Sehr wenige von denen, welche die Schleifmethode einführten, haben alle die mit ihr erreichbaren Vorteile erzielt, und dafür gibt es genug Gründe. Die Güte des Schleifmaterials und seine Anwendungen sind nicht Sache der allgemeinen Kenntnis und Erfahrung. Die meisten Leute betrachten eine Schleifscheibe als ein Ding, das mit hoher Geschwindigkeit rotiert und dadurch zum Schärfen von Werkzeugen geeignet ist. Diese Kenntnis ist weitaus nicht genügend, und diejenigen, welche ihr Geld in Schleifanlagen stecken, müssen darauf vorbereitet sein, mehr als zufälliges Interesse und Aufmerksamkeit darauf zu verwenden, wenn die Anlage in ihrem vollen Vorteil ausgenutzt werden soll.

In recht vielen Fällen sind die zur Verfügung stehenden Arbeitskräfte so minderwertig, daß man nur eine unsachgemäße Behandlung der Maschine erwarten kann. Schleifen, wie jede andere Arbeit, wird erfolgreich ausgeführt je nach dem Maße an Intelligenz, welche auf den Gegenstand verwendet wird. Es kann mit einigem Erfolge schon durch billige angelernte Arbeitskräfte unter einer intelligenten Aufsicht ausgeführt werden; aber da der Mann an der Scheibe die jeweiligen Bedürfnisse am besten beurteilen kann, sollte er nach seiner Fähigkeit ausgewählt und besoldet werden. Der geschickte Arbeiter, der an einer Schleifmaschine arbeitet, wird auf viele Erscheinungen stoßen, welche seine früheren Ansichten ändern werden: er muß dem Gegenstand mit klarem Kopf nahetreten, und muß darauf vorbereitet sein, viele vorgefaßte Theorien aufzugeben, und das aus folgenden Gründen: Im Vergleich zu anderen maschinellen Methoden erscheinen alle Fehler, welche während der Arbeit auftreten, in übertriebener Form. Wenn z. B. ein zylindrischer Körper geschliffen wird, und wir halten einen Augenblick inne und hauchen leicht auf eine Seite des Arbeitsstückes, so wird die Scheibe, wenn wieder angebracht, durch die Funkenmenge deutlich zeigen, daß die Wärme des Atems eine Verziehung des ganzen Körpers herbeigeführt hat. Die Formveränderung, die Verdrehung und das Federn des Materials, welche vorher schwer zu erkennen waren, zeigen sich jetzt deutlich.

Alle diese Beobachtungen und die Notwendigkeit, mit feinsten Präzisionswerkzeugen zu arbeiten, üben einen verfeinernden und erzieherischen Einfluß auf den intelligenten Arbeiter aus.

Diese wenigen Bemerkungen über die Arbeitskraft, welche man benutzen soll, sollen als Ratschläge betrachtet werden. Der Verfasser hat viele Fabriken in Europa und Amerika gesehen und die Fortschritte des Schleifens beobachtet. Ohne Ausnahme hat er gehört, daß das Schleifverfahren eine Anlage ist, die sich rentiert; trotzdem scheint es in vielen Fällen nicht mit vollem Vorteil ausgenutzt zu werden, und dieses ist auf die Mängel an Arbeitern und Aufsicht zurückzuführen. Ferner sind zwar viele Maschinen, von gewöhnlichem und speziellem Bau, in ihrer Art vollkommen; aber ihre Leistung wird durch die Benutzung ungeeigneter Scheiben herabgesetzt. Einige Leute halten nur an einer bestimmten Scheibe fest; ihre Entschuldigung ist, daß das Wechseln der Scheiben einen Verlust an Zeit bewirke. Nichts ist törichter, da die Zeit des Wechselns selten mehr als fünf Minuten dauert, während die Arbeit sicherlich besser und in einem Bruchteil der Zeit fertiggestellt werden würde.

Das Schleifen von harten gußeisernen Walzen für Mühlen und Papierfabriken wurde eine Zeitlang als eine nur von wenigen beherrschte Kunst betrachtet, und diese Ansicht haben auch heute noch viele. Das lag daran, daß trotz der genauesten Maschinen der Gebrauch von harten und nicht nachgiebigen Scheiben gute Erfolge verhinderte, und erst seitdem der Scheibenfabrikant im Schleifen Erfahrung bekommen hat, erhielt man auch gute Resultate.

Dieses Buch ist mehr für den Werkstattsmann als für den Werkstattleiter geschrieben, und das Vorschlagen eines bestimmten Fabrikates ist nicht sein Zweck; es sei aber darauf hingewiesen, daß es zwei Methoden gibt, Werkstücke für das Schleifen vorzubereiten, und die Methode, die man einzuschlagen gedenkt, sollte die Wahl der Maschinen beeinflussen. Der Leser dieses Buchs wird finden, daß, wenn die Bearbeitung vor dem Schleifen billig ist, eine große Toleranz erlaubt sein muß. Aber dies bedeutet ein Herunterschleifen von mehr Material, und folglich wird der Gebrauch von starken Schleifmaschinen nötig. Andernfalls, wenn die Schleifmaschinen von leichterer Bauart sind, muß die Vorbearbeitung sorgfältiger ausgeführt werden. Beide Methoden bedeuten einen Fortschritt gegen die alten und können vorteilhaft angewendet werden. Die Herstellung von Schleifmaschinen und Scheiben verlangt, daß der Fabrikant mit ihren praktischen Anwendungen vertraut ist, und Käufer sollten dies bei einer Bestellung immer im Gedächtnis halten, weil nur durch wirkliche Erfahrung Kenntnis der Erfordernisse erlangt werden kann.

Es gibt noch einen wertvollen Vorteil durch das Schleifen, welcher nur von denjenigen, die es in ihrem Betriebe eingeführt haben, ganz anerkannt werden kann, und dieser Vorteil ist die Verminderung von Ausschuß. Wenn Maschinenteile durch Schleifen angefertigt werden, so braucht man immer nur einige Leute, welche beständig mit feinen Toleranzen arbeiten; dies führt dazu, daß sie Spezialisten auf diesem Gebiete werden, und dadurch ist die Gefahr von Ausschuß geringer, als wenn die Fertigbearbeitung nach Maß unter viele verteilt wäre.

Viele andere Vorteile könnten noch erwähnt werden, diese mögen aber genügen, um die wirtschaftliche Seite zu erläutern. Kein Maschinenfabrikant kann heute das Schleifen vernachlässigen, und seine Einführung hat so viel Fortschritte gemacht, daß ein Zweifel an seinen Vorteilen ausgeschlossen ist.

Schon jetzt bestehen viele Ingenieure darauf, daß das Schleifen in ihren Fabriken eingeführt wird und in der Fabrikation von Maschinen ist es eine anerkannte Notwendigkeit.

Zweites Kapitel.

Schleifscheiben und ihre Fabrikation.

Außer der Güte des Materials sind für die Schleifscheiben die folgenden Gesichtspunkte wesentlich und für den Benutzer von gleicher Wichtigkeit: die Scheibe muß sowohl genau laufen als richtig ausbalanziert sein; ihre Bohrung soll von einer gewissen Genauigkeit sein, was leicht durch eine Bleibüchse oder ähnliches Material zu erzielen ist; die Scheibe soll vor allem von einem Fabrikanten hergestellt werden, welcher ihr Duplikat liefern kann, und welcher sie so bezeichnet, daß er wie der Käufer sie leicht erkennen kann.

Für die Herstellung muß man das beste Binde- und Schleifmittel benutzen, gleichviel ob natürlich oder künstlich, und der Sicherheit wegen kann man gebrannte Scheiben bevorzugen, da der starken und langen Hitze, der sie beim Brennen ausgesetzt werden, nur das beste Material widerstehen kann.

„Schmirgel" und „Corundum" sind das allgemein benutzte Schleifmittel; sie werden an vielen Orten der Erde gefunden. Schmirgel ist ein minderwertiges Corundum mit hohem Prozentsatz Eisen, und, obwohl es nach dem Zermahlen durch magnetische Separatoren gereinigt wird, behält es noch viel Eisen und ist dadurch das weniger nützliche von den beiden Materialien.

Der elektrische Ofen ermöglicht die Herstellung von Carborundum aus Rohmaterialien wie Salz, Sägespänen, Sand und Koks, indem er diese Bestandteile beim Einschmelzen in einen Kristall verwandelt, welchen nur der Diamant an Härte übertrifft. Das Schmelzen von „Bauxit" nach ähnlichem Verfahren hat die Herstellung von „Alundum", einer Substanz, härter als das reinste Corundum und mit all der Zähigkeit des Schmirgels, herbeigeführt. Die Carborundum-Schleifräder werden wegen ihrer Dauerhaftigkeit von vielen bevorzugt; da diese Dauerhaftigkeit aber nur von dem Bindemittel abhängig ist, kann man dieselbe Eigenschaft, wenn nötig, auch bei dem anderen Material erzielen. Die Schleiffähigkeit der verschiedenen Scheiben ist abhängig von der Menge der in einer gewissen Zeit erzielten Arbeit, und nicht von der Dauerhaftigkeit der Scheibe; doch muß die Ersatzfrage immer in erster Linie berücksichtigt werden.

Der Verfasser hat oft Carborundumräder benutzt und in manchen Fällen hat er sie besser als die anderen Scheiben gefunden, aber er hat immer das Unglück gehabt, keinen Ersatz bekommen zu können. Die feineren Schleifräder haben sich gewöhnlich als die besten bewährt, und die Theorie, nach welcher das Material zu zerbrechlich ist, wäre noch zu berichtigen. Wenn wir ein Carborundumkristall untersuchen, werden wir finden, daß es Schichtenformation hat und leicht zersplittert, während Corundum und Alundum von zäher Granitformation sind.

Für den Gebrauch werden alle diese Materialien zermahlen und zu verschiedenen Graden von Feinheit gesiebt, die Nummern werden bestimmt durch die Maschen des Siebes per Quadratzoll, durch welches sie fallen; so haben wir 200, 100, 60, 24 usw. Maschen; diese Zahl bezeichnen wir mit „Korn“.

Für die künstlichen Schleifräder wird dieses Korn mit Schellack oder einem anderen Bindemittel gemischt und in Dampf gebacken. Scheiben, so hergestellt, sind sehr fest und sind deshalb brauchbar für Formscheiben oder für das Herausschleifen von Ecken; im allgemeinen aber sind sie nicht zu empfehlen, da beim Schleifen ihre Dichtheit starke Erwärmung hervorruft, und das klebrige Bindemittel öfters Späne an sich festhält, welche dann die Fläche des Arbeitsstückes verderben.

Das gebrannte Schleifrad nähert sich beinahe dem, was man eigentlich das Ideal der Schleifscheibe nennen kann, und die Mischungen dafür sind natürlicherweise Geheimnis der Fabrikanten: das verlangte Korn wird in richtigem Verhältnis mit dem Ton gemischt und mehrere Tage unter starker Hitze gebrannt. Durch die von der Hitze bewirkten chemischen Änderungen in dem Bindemittel nimmt die Mischung eine verglaste Form mit Schleifeigenschaft an; sie zieht sich auch zusammen und läßt die Scheibe porös, so daß das Korn in einer Reihe von kleinen Messerchen hervortritt, welche mit genügender Zähigkeit gehalten werden, um bis zu voller Abnutzung fest zu bleiben, aber loszulassen, wenn sie nicht mehr brauchbar sind.

Diese Zähigkeit nennt man den „Grad“ der Scheibe. Sie ist abhängig von der Menge und Eigenschaft des Bindemittels und bezieht sich in keiner Weise auf die Härte des Korns in dem Schleifrad; sie ist durch einen Buchstaben erkennbar und ist das Mittel zur Bestimmung der Brauchbarkeit einer Scheibe für ein bestimmtes Metall und bestimmte Arbeitsbedingungen. Die Arten der Bezeichnung von Schleifrädern sind verschiedenartig, was zu bedauern ist; die Fabrikanten scheinen auch nicht einmütig zu sein über das, was ein hartes, mittleres und weiches Rad ist, so daß die verschiedenen Fabrikate für sich berücksichtigt werden müssen, selbst wenn sie dieselbe Bezeichnung tragen; z. B. der Grad K des einen Fabrikanten würde von ganz anderer Zusammensetzung sein als ein Schleifrad mit derselben Bezeichnung eines zweiten Fabrikanten. Es ist bisher unmöglich gewesen, Einheitlichkeit zu erzielen.

Mit dem „Grad“ eines Rades wird die Zähigkeit des Bindemittels berechnet, und das darf nicht mit der Nummer des „Korns“ verwechselt werden. Für verschiedene Zwecke können wir Scheiben mit derselben Zähigkeit des Bindemittels und von verschiedenem Korn haben, z. B. 24 M, 60 M, 100 M usw., oder wir können Scheiben mit demselben Korn aber verschiedenen Zähigkeiten des Bindemittels haben, z. B. 36 K, 36 L, 36 M usw. Diese Methode der Bezeichnung ist von vielen Fabrikanten eingeführt und ist von besonderem Wert, da sie leicht verständlich ist. Ein Schleifrad Grad M ist als mittleres angenommen, und das Bindemittel ist härter oder weicher, je nach der alphabetischen Folge; z. B.: K hat ein weicheres Bindemittel als M, und O ein härteres. Es ist klar, daß ungeheuer viele Kombinationen von Korn und Grad möglich sind, und der Anfänger mag darüber zuerst etwas erschreckt sein; aber wenn er sich ein wenig bemüht, das Prinzip in der Wahl der Räder kennen zu lernen, wird er finden, daß er nicht mehr als drei oder vier Sorten braucht, um Erfolg zu haben, und wird zum Schluß über die Einfachheit dieser scheinbar schweren Sache staunen. Der Gradbuchstabe und die Kornnummer sollen deutlich an den Seiten des Schleifrades vermerkt sein, damit der Schleifer sie leicht erkennen kann und unnötige Mühe und Unannehmlichkeiten vermieden werden. Wenn die Bezeichnung nicht erkennbar oder der Grad nicht bekannt ist, kann man die Methode, welche die

Fabrikanten benutzen, zum Vergleich mit einem bekannten Rade verwenden. Das Mengenverhältnis des Bindemittels eines Schleifrades ist mit dem Korn nach den für jeden Grad bestimmten Formeln gemischt; aber durch die lange und hohe Erhitzung weichen die Scheiben manchmal etwas von dem Verlangten ab; als eine Kontrolle dafür untersucht der Fabrikant den Grad seiner Räder nach der folgenden Methode. Er hat einen Satz Schleifräder, die er als Normalien hält, und mit einem Hohlmeißel oder Schraubenzieher vergleicht er nun die Eindrücke des zu untersuchenden Rades und des Normalrades. So ist er imstande, das betreffende Rad etwa richtig zu bezeichnen.

Wenn die Erfahrung für eine bestimmte Marke von Scheiben fehlt, muß der Benutzer sich, nachdem er seine Bedürfnisse angegeben hat, dem Urteil des Fabrikanten überlassen, und wenn er sich an diese besondere Marke und die Bezeichnung gewöhnt hat, kann er die Scheiben nach seinem Bedarf wählen. So kann er, wenn er ein Rad für eine Arbeit zu hart findet, ein weicheres nehmen, und wir sehen nochmals den Vorteil, mit Fabrikanten zu arbeiten, welche ihre Scheiben nach bestimmten Normalgrößen herstellen und den fortschreitenden Grad durch bestimmte Bezeichnungen leicht erkennen lassen.

Die meiste Literatur über den Zusammenhang zwischen dem Schleifrade und dem zu schleifenden Stück legt besondere Wichtigkeit auf die Menge des Kohlenstoffes in dem Material, und der Verfasser stimmt ganz mit dieser Ansicht überein, aber wenn er theoretisch eine Anzahl in dieser Hinsicht richtiger Schleifräder vorschlagen soll, werden sie so zahlreich sein, daß sie verwirren und die Arbeit des Schleifers kompliziert machen. Für vorteilhaftes Arbeiten ist dies nicht notwendig, und die Menge des Kohlenstoffes ist nicht allein maßgebend. Das Material, welches geschliffen werden soll, kann auch wenig oder keinen Kohlenstoff enthalten, und die Dehnungseigenschaften des Materials müssen ebenso gut berücksichtigt werden. Wegen dieser Tatsachen und der Schwierigkeiten, welchen der Schleifer gegenübersteht, um den Kohlenstoffgehalt eines Arbeitsstückes zu bestimmen, mag es genügen, wenn wir nur da Unterscheidungen in den Schleifrädern machen, wo große Unterschiede in der Eigenschaft und Form des Materials vorliegen, Wir wollen nun durch einige Überlegungen versuchen zu zeigen, wie etwa ideale Zustände sein müßten.

In der Wahl einer Scheibe für einen Schleifprozeß wollen wir, bequemlichkeitshalber, die vorgeschlagene Buchstabenmethode zur Bezeichnung benutzen, und die Erfahrung des Verfassers ist, daß kein härteres als M, oder das mittlere Rad, für Präzisionsschleifen benutzt werden soll. Schleifräder, welche härter sind als dieses, sind mit wenigen Ausnahmen ein zweifelhafter Ersatz wegen Mangel an Erfahrung oder an Kenntnissen ihrer Eigenschaften. Diese Räder werden meistens für Werkzeugschleifen und Gießereigebrauch verwendet, und da sie ein Ersatz für den Schleifstein sein sollen, und mit ihnen die Bearbeitung des Werkstückes in üblicher Weise ausgeführt wird (übermäßiger Druck auf das Rad), wird das bessere Rad öfters durch falsche Begriffe von Sparsamkeit nicht gekauft; wir sagen das bessere Rad, weil es möglich ist, daß es in einer gewissen Zeit mehr Arbeit als das härtere Rad machen kann, wenn es verständig benutzt wird. Man muß zugeben, daß ein Rad so hergestellt werden kann, daß es fast unabnutzbar sein kann, aber das Rad wird nicht schleifen, es wird nur polieren.

Bei der Berücksichtigung des Zusammenhangs zwischen dem Grade eines Rades und dem zu schleifenden Material kommt es in erster Linie auf die Zusammensetzung des Materials an; und wir können als allgemeine Regel annehmen, daß, je weicher das Material ist, desto härter das Schleifrad sein muß. Wenn wir M als die härteste Scheibe für Präzisionsschleifen nehmen, können wir die folgenden Beispiele benutzen:

M für kohlenstoffarmen Stahl und alle weichen Stahlsorten von nicht zu großem Durchmesser.

L für kohlenstoffreichen Stahl, harten Stahl und Gußeisen von nicht zu großem Durchmesser.

K für gehärteten Stahl, Gußeisen und weichere Hartgußarten.

Man sieht, daß die Scheiben mit Rücksicht auf den zu schleifenden Durchmesser gewählt werden, aber in Wirklichkeit bezieht sich diese Wahl auf die Größe der Berührungsfläche. Wenn ein Stück mit großem Durchmesser geschliffen wird, hat die Scheibe eine viel größere Schneidfläche, und sie muß dementsprechend weicher sein, um dem stumpfen Korn einen leichten Ausfall zu erlauben, und um die erzeugte Hitze zu vermindern.

Bisher ist nichts über die Größe oder die Nummer des Korns gesagt worden, und für jetzt können wir uns damit begnügen zu sagen, daß grobe Schleifräder möglichst vorzuziehen sind, da die tiefe Lage des Korns in dem Bindemittel einen tiefen Schnitt zuläßt, und ihre Porosität die Arbeit kühl hält.

Die Ausnahme zu dieser Regel liegt in der Wahl eines Rades für sehr hartes Material, denn ein grobes Schleifrad kann hier ungeeignet sein, weil die Flächen des hervortretenden Korns zu groß sein können, um in das Arbeitsstück ohne übermäßigen Druck einzudringen. Eine Scheibe muß immer ganz frei schneiden, selbst mit dem feinsten Schnitt, weil, wenn wir für den letzten oder fertigen Schnitt etwas Druck benutzen, wir das Arbeitsstück erwärmen oder verziehen, oder die Befestigung desselben stören können, welche für genaue Resultate eingerichtet war. Für das Schleifen von Glas ist ein Rad von 150 bis 200 Korn nötig, da größeres Korn in das Material nicht eindringen kann, und harter Hartguß braucht aus denselben Gründen ein ähnliches Rad für die Fertigbearbeitung („Schlichten"). Sauber bearbeitetes Gußeisen ähnelt diesen Materialien sehr, und, obwohl es mit einem groben Schleifrade bis zu einem bestimmten Punkt fertig hergestellt werden kann, so wird das Rad doch nicht schneiden, wenn das Korn stumpf oder seine Fläche zu groß ist.

Hieraus geht hervor, daß, abgesehen von der Fertigbearbeitung, die Eigenschaft der geschliffenen Fläche ein Faktor bei der Bestimmung der Brauchbarkeit eines Rades sein muß, und daß zwischen Schleifscheibe und anderen Schneidwerkzeugen eine Ähnlichkeit besteht. Wir benutzen ein Rad mit hartem Bindemittel für weichen Stahl, weil das Korn länger und stumpfer schneiden kann, als es auf Hartguß tun würde; und das Bindemittel ist hart, damit das Korn seine Stellung bis zum höchsten Punkt seine Wirksamkeit behält. Wir vermindern die Bindefähigkeit eines Rades, wenn das zu schleifende Material härter wird oder wenn die Berührungsfläche eines Rades größer wird, da jedes einzelne Korn von dem harten Material und der größeren Berührungsfläche frühzeitig stumpf wird, und es ökonomischer ist, daß es sich erst dann löst, wenn es unbrauchbar geworden ist, als daß es unnützlich im Verbande bleibt und auch seine noch brauchbaren Nachbarkörner an der Arbeit verhindert.

Es ist gesagt worden, daß die Berührungsfläche einer Scheibe mit dem Arbeitsstücke für die Wahl derselben wichtig ist, und hierzu mögen einige Erklärungen gegeben werden. Wir können uns vorstellen, daß ein Schleifrad von 550 mm Durchmesser ein Stück von 25 mm Durchmesser gut bearbeitet, dagegen wird dasselbe Rad ein 100 mm Stück von gleichem Material nicht so gut bearbeiten: in dem ersten Fall ist die Berührungsfläche zwischen Rad und Arbeit so klein, daß das Werkstück imstande ist das Bindemittel leicht zu zermahlen, und es dadurch dem Korn ermöglicht bis zu seinem Maximum an Schnittiefe einzudringen. Während beim Schleifen des größeren Durchmessers das Bindemittel nicht zerreibbar genug ist, um, ohne der Scheibe Gewalt anzutun, dieselbe Schnittiefe zu erlauben; was eine Verschwendung der Scheibe und Erzeugung übermäßiger Wärme verursachen wird. Wenn wir diesen Umstand berücksichtigen, werden wir sehen, daß wir beim Schleifen eines großen Durchmessers gegenüber einem kleinen eine entsprechend weichere Scheibe benutzen müssen, obwohl das zu schleifende Material von derselben Zusammensetzung sein kann; ferner, daß beim Schleifen von ebenen Flächen, wo die Berührungsfläche noch größer ist, wir noch weichere Scheiben benutzen müssen, und um diesen Gesichtspunkt weiter zu erläutern, brauchen wir noch weichere Scheiben für das Innenschleifen, da hier die Berührungsfläche am größten ist. Diese Bemerkungen beziehen sich hauptsächlich auf grobe Schleifprozesse. Die Anwendung der Scheiben für das Schlichten wird später behandelt.

Für Messing brauchen wir ein Schleifrad mit weichem Bindemittel, damit das Korn immer scharf bleibt; wenn ein hartes Rad benutzt wird, wird das Korn so lange festgehalten, daß die Reibung die Späne verbrennt und dadurch das Rad verstopft; wenn das Messing viel Kupfer enthält, wird es öfters schwierig sein, eine saubere Fertigbearbeitung zu erzielen. Die Gründe dafür kann man finden, wenn man reines Kupfer betrachtet, welches das Rad unmäßig abnutzt. Man wird bemerken, daß die hohen Ausdehnungs-Eigenschaften des Kupfers es veranlassen, sich an dem Schleifrade zu reiben und das Korn wegzureißen, und dadurch ist beim Schleifen von Kupfer wenig Vorteil zu erzielen; dennoch kann es mit dünnen groben Rädern und möglichst großer Wasserzufuhr mit Erfolg geschliffen werden.

Größere Scheiben sind ökonomischer als die kleineren, obwohl ihre ersten Kosten natürlicherweise höher sind. Eine 300 mm Scheibe wird zweimal so viel Abnutzung an ihrem Korn als eine solche von 600 mm haben, und deshalb glauben viele Leute, daß Scheiben näher der Mitte weicher sind.

Aus denselben Gründen wie oben angegeben, nutzt ein Rad sich schneller ab, je kleiner es ist, obwohl seine Umfangsgeschwindigkeit innegehalten wird; und hier kann man bemerken, daß immer die Umfangsgeschwindigkeiten und nicht die Umdrehungszahl berücksichtigt werden muß, Wir können 1500 bis 1800 Meter per Minute als die vorteilhafteste Geschwindigkeit für Schmirgel, Corundum oder Alundum nehmen; für Carborundum wird eine langsamere Geschwindigkeit angeraten, aber die Geschwindigkeit eines Rades soll immer etwas geringer sein, als die, für welche das Rad ausprobiert wurde, um das Platzen und ähnliche Unfälle zu verhindern. Aus demselben Grunde soll man nie eine Scheibe auf den Dorn treiben. Wenn das Loch zu eng ist, muß es, bis es leicht anpaßt, ausgeschabt werden, und die Scheibe soll an den Flanschen zwischen weichen Unterlegscheiben festgehalten werden. Die einmal angenommene Umfangsgeschwindigkeit soll auch, wenn das Rad kleiner wird, immer gleichgehalten werden durch die Vergrößerung der Umdrehungszahlen. (Siehe Tabelle der Geschwindigkeiten von Schleifrädern S. 120.)

Drittes Kapitel.

Vergleichung der Schleifmethoden und ihre Beziehung zur Maschinenkonstruktion.

Erfolg und Mißlingen beim Schleifprozesse ist nicht nur von der Konstruktion und den Vorzügen einer bestimmten Maschine abhängig, sondern auch von den Kenntnissen der Eigenschaften und Schneidwirkungen der benutzten Scheiben. Wir haben die Schleifräder vom rohen Kristallzustande bis zur fertigen Scheibe verfolgt, und wir können nun überlegen, welche Vorzüge die einzelnen Räder besitzen, damit wir dieselben in der nützlichsten und vorteilhaftesten Weise anwenden.

Ein Schleifrad ist eine Scheibe mit außerordentlich vielen kleinen Schneiden, jede von gleichem Wert. Gerade wie ein Molekül in einem Stahlwerkzeug eine Einheit des Ganzen ist, so ist jedes Kornstückchen in seiner Stellung gehalten durch ein Bindemittel von solcher Eigenschaft, daß es gerade nur soviel abbröckelt, um einen Teil des Korns in die Oberfläche des Arbeitsstückes eindringen zu lassen, und trotzdem zäh genug ist dieses Korn festzuhalten, bis es abgenutzt oder stumpf geworden ist. Dieser Zustand, bei welchem das Korn ausfällt oder vom Werkstück weggerissen wird, muß immer dann eintreten, wenn das Schleifen schnell ausgeführt wird, und zwar als Folge der schnellen Umdrehung; aber der ideale Schleifzustand wäre derjenige, bei welchem die glückliche Kombination eines für das zu schleifende Material passenden Rades und des Verhältnisses von Schnittgeschwindigkeit zur Umfangsgeschwindigkeit des Arbeitsstückes innegehalten wird. Bei der Fertigbearbeitung, oder wo die Schnittiefe begrenzt ist, kann dieses günstige Verhältnis leicht erreicht werden und die Beweise hierfür können durch die Untersuchung der Späne mit einem Mikroskope gefunden werden. Die Überbleibsel werden aus sehr kleinen Spänen unter fast völliger Abwesenheit von Schleifkörnern bestehen; diese Späne sehen ähnlich aus, wie die jedes anderen Maschinenprozeßes, und sie sind entscheidende Beweise, daß ein gleichartiger Vorgang stattfindet, wenn das Schleifen unter richtigen Umständen ausgeführt wird (Fig. 2 bis 4); die

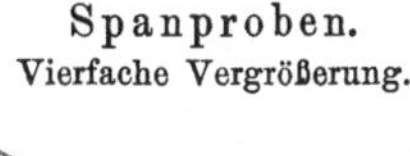

Spanproben.
Vierfache Vergrößerung.

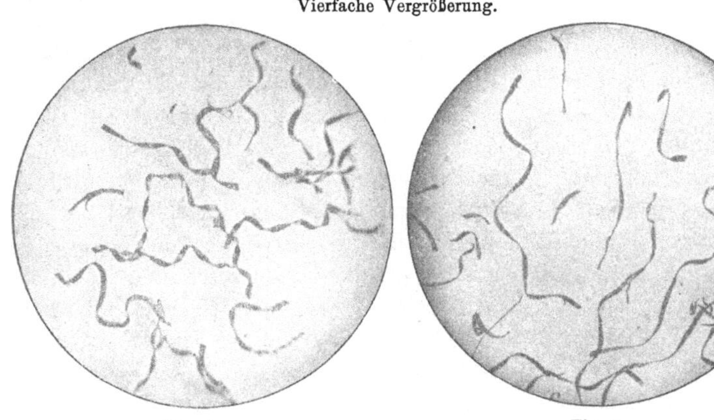

Fig. 2.
Schruppen auf weichem Maschinenstahl.

Fig. 3.
Schruppen auf Gußstahl.

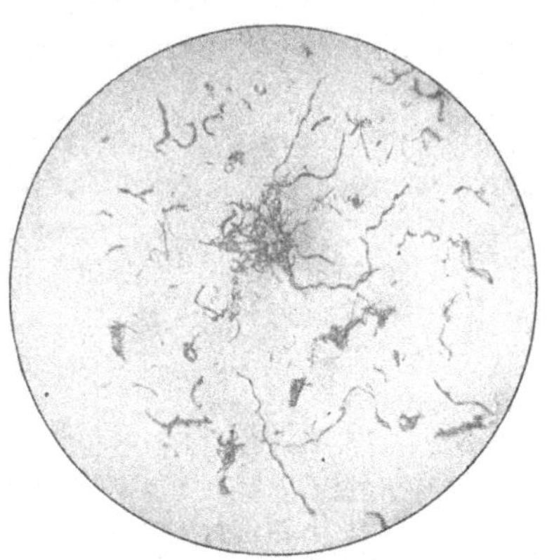

Fig. 4.
Schlichten auf gehärtetem Gußstahl.

Späne sind mannigfaltig in ihrer Form: mit Maschinen- oder weichem Stahl zeigen sie den reinen Schneidevorgang, und ihre Form beweist, daß sie von der Gestalt des schleifenden Korns herrührt, und die Färbung der Späne zeigt, daß an der Schleifstelle, sogar mit freigibiger Wasserzufuhr, stets starke Hitze vorhanden ist; die Gußeisenspäne dagegen nehmen einen kugelartigen Zustand an, als ob ein Schmelzen stattgefunden hätte.

Zur Erzielung günstiger Arbeitsmöglichkeiten für Schleifprozesse muß man immer daran denken, daß die Abnutzung der Scheibe meistens von den Umdrehungen oder der Umfangsgeschwindigkeit des Arbeitsstückes abhängig ist, und gerade von diesen Tatsachen kann man öfters Vorteil ziehen; je höher die Geschwindigkeit des Arbeitsstückes ist, desto größer die Abnutzung des Rades, und eine Zunahme dieser Geschwindigkeit kann oft von Nutzen sein, wenn man ein Rad, welches für eine bestimmte Arbeit zu hart ist, gebrauchsfähig machen will; dies ist trotzdem nur ein Notbehelf und ein kostspieliger. Schleifräder mit hartem Bindemittel brauchen hohe Treibkräfte verbunden mit hoher Geschwindigkeit des Arbeitsstückes; sie haben auch den Nachteil, daß sie nur mit einem Druck des Vorschubs, welcher gefährlich ist, schneiden können, und daß sie übermäßige Hitze erzeugen; ihr Bindemittel ist zu hart, als daß es schnell genug krümelt, um das Korn in das Material bis zu seinem Maximum an Tiefe eindringen zu lassen. Aus diesen guten Gründen müssen wir Scheiben mit weicherem Bindemittel benutzen, und, um die Torsion des Korns, veranlaßt durch den tieferen Schnitt, zu vermeiden, müssen wir die Geschwindigkeit des Arbeitsstückes herabsetzen; währenddessen müssen wir, um rationell zu arbeiten, die ganze Oberfläche des Stückes durch die Benutzung der größten möglichen Schneidfläche in kürzester Zeit bearbeiten.

Wenn wir moderne Schleifmethoden mit denen, welche man bezüglich der erzielten Resultate die alten nennen kann, vergleichen, finden wir eine Rückwirkung auf die neueren Konstruktionen der Maschinen in der Weise, daß die mechanischen Anordnungen umgekehrt sind. Bei der modernen Maschine gilt die Regel: langsame Geschwindigkeit des Arbeitsstückes und schneller Seitenvorschub, während bei den alten Maschinen gerade umgekehrt verfahren wird.

Augenscheinlich sind noch nicht alle Fabrikanten einig, welche Methode die wünschenswertere ist, obwohl die meisten den groben Vorschub vorziehen; nichtsdestoweniger ist es klar, daß erfolgreiche Maschinen und Methoden nur aus der praktischen Anwendung derselben herauswachsen können.

Wir haben ein Schleifrad als einen runden Schneidkopf beschrieben, mit allen seinen Zähnen oder Körnern auf der Schneidfläche. Wenn wir deshalb dem Rad bei jeder Umdrehung des Arbeitsstückes einen Vorschub gleich seiner Breite geben, bekommen wir die maximale Menge von Arbeit aus dem Rade; andererseits, wenn wir dem Rade nur einen Bruchteil seiner Breite Vorschub geben, erzielen wir nur einen Bruchteil seiner Leistung. Dies bezieht sich auf zylindrische und ebene Arbeitsstücke, und kann besser durch eine Erläuterung (Fig. 5 u. 6) verstanden

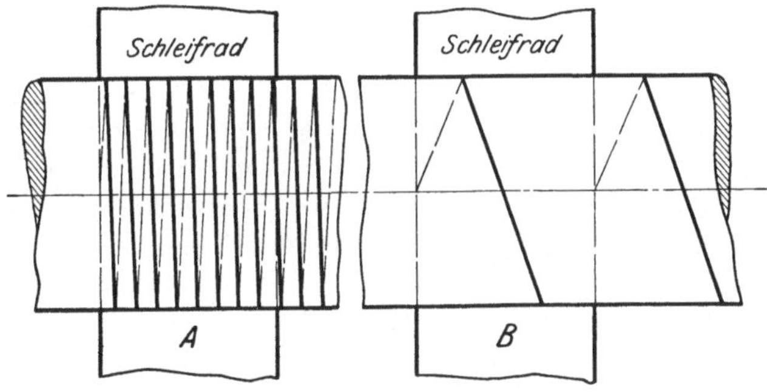

Fig. 5. Fig. 6.
Schleifradvorschub.

werden. Bei A hat das Schleifrad einen Seitenvorschub von $^1/_8$ seiner Breite, während bei B der Vorschub theoretisch gleich seiner Breite ist. In der Praxis wird der letztere Vorschub ein wenig kleiner als die Rad-Breite sein, um zu sichern, daß das Rad die ganze Fläche bearbeitet; im Fall B wird die Scheibe ihre Schneidfläche genau halten, während sie bei A konkav abgenutzt werden wird; dieser letztere Fall führt zur Verschwendung des Schmirgelmaterials und weiterhin zur überflüssigen Abnutzung des Diamantwerkzeugs; denn, um ein sauberes Resultat zu erzielen, besonders bei Arbeitsstücken, an welchen Kanten vorkommen, muß man eine genau gerade gedrehte Scheibe haben.

Aus dem, was schon gesagt worden ist, wird es leicht zu verstehen sein, daß ein Vergleich zwischen den beiden Methoden, so weit er die Schnelligkeit betrifft, nur auf eine Rechnung hinauskommt; und obwohl der langsamere Vorschub in manchen Fällen für die Fertigbearbeitung nötig sein kann, so ist er trotzdem, wenn die Hauptmenge vom Material heruntergearbeitet werden muß, kostspielig und unnötig.

Kurz, die ältere Schleifmethode mit hoher Geschwindigkeit des Arbeitsstückes und langsamem Vorschub kann man gegenüber den modernen Methoden als ein besseres Polieren bezeichnen. Die neue langsame Arbeitsstückgeschwindigkeit läßt der Scheibe genügend Zeit, um wie ein Fräser zu schneiden, und als solchen kann man die Scheibe betrachten, wenn sie richtig benutzt wird.

Ohne daß wir eine bestimmte Maschine beschreiben, können wir nun nach Berücksichtigung obiger Leitsätze zu einem Schluß über das Verlangte kommen. Der breite Vorschub des Rades bedeutet eine Erhöhung der Vibration, und wir brauchen schwere Spindeln und eigenartige Konstruktionen, um diese Erschütterungen zu überwinden. Die Wirksamkeit eines Schleifrades ist von den Umfangsgeschwindigkeiten des Rades und des Arbeitsstückes abhängig, und wenn nun außerdem beide während eines Prozesses sich beständig ändern, wird die Arbeit verwickelt. Es ist bequemer, das kleinere von zwei Übeln zu wählen: eine konstante Geschwindigkeit des Rades innezuhalten und Anordnungen zu treffen für das rationelle Einstellen der Arbeitsgeschwindigkeit, welche jeweilig die besten Resultate ergibt; dies ist besonders bei zylindrischen Arbeiten notwendig.

Die Frage, ob die Scheibe oder das Stück die seitliche Bewegung haben soll, ist bei der Planschleifmaschine schon beantwortet, aber bei der zylindrischen Maschine herrscht noch immer Meinungsverschiedenheit, selbst bei der modernen Konstruktion, und Vorzüge werden zugunsten beider Methoden hervorgehoben. Persönliche Erfahrung an den beiden Maschinenarten sowohl als auch an anderen Werkzeugmaschinen hat den Verfasser belehrt, daß stets diejenige Maschine die besten Ergebnisse erzielt, bei der man seine volle Aufmerksamkeit nur dorthin zu richten braucht, wo das Arbeiten wirklich stattfindet. Bei den langen Schleifmaschinen ist das von besonderer Notwendigkeit, und wenn wir die Entwickelung der zylindrischen Maschinen betrachten, sehen wir, daß das stillstehende Schleifrad für die meisten Fälle das richtigere ist. Nehmen wir den Fall an, daß die Scheibe die Seitenbewegung ausführt, so wird es dem Arbeiter bei der voraussichtlichen Steigerung der Geschwindigkeit schwer sein, dem Schleifrad zu folgen.

Nehmen wir an, daß eine 50mm Welle geschliffen wird und daß dieselbe mit 48 Umdrehungen pro Minute läuft, so hat das

Arbeitsstück eine Umfangsgeschwindigkeit von ca. 7,5 m pro Minute, welche nach des Verfassers Erfahrung für das Schruppen nicht zu groß ist. Um dem Schleif-Rade einen Vorschub von seiner eigenen Breite zu geben, müssen wir eine Seitenbewegung von 2,4 m pro Minute haben, welche der größte Vorschub ist, den der Verfasser an irgend einer Maschine kennt. Nehmen wir 7,5 m als geeignete Geschwindigkeit für ein Material an, so brauchen wir nach Obigem einen Vorschub von 4,8 m pro Minute für eine 25 mm Welle, und es scheint kein Grund dafür vorhanden zu sein, warum dieser oder noch größere Vorschübe nicht erreicht werden sollen. Das einzige Hindernis liegt an der Überwindung der lebendigen Kraft des Arbeitstisches, und da diese proportional dem Gewicht und dem Quadrat der Geschwindigkeit ist, so wird sie einigermaßen ausgeglichen durch das Tragen des leichtesten Gewichts, d. h. des kleinsten Durchmessers bei der maximalen Geschwindigkeit.

Bei der Zylinder-Schleifmaschine ist die Güte der Arbeit von der Arbeitsgeschwindigkeit abhängig, und es ist darauf aufmerksam zu machen, daß eine Anordnung zum schnellen Wechseln dieser Geschwindigkeit nötig ist. Dieses bezieht sich auch auf das Schleifen von ebenen Flächen, und ist also ebenso notwendig bei der Planschleifmaschine. Nicht mehr als drei oder vier Änderungen in den Grenzen von 7,5 bis 3 m pro Minute werden gebraucht. Die Seitenvorschübe des Schleifrades sollen so angeordnet sein, daß breite Schnitte ausgeführt werden können, ähnlich wie bei der Hobelmaschine, obwohl die Arbeitsmethode umgekehrt ist. Bei der Hobelmaschine schruppen wir mit schmalem Seitenvorschub und groben Schnitten und brauchen einen breiten Stahl für das Schlichten; bei der Planschleifmaschine führen wir die Scheibe schnell über die Arbeit, entfernen mit leichten Schnitten die Ungenauigkeiten und kommen so schneller zum Schlichten. Wenn die breiten Zeichen des Vorschubs auf der fertigen Fläche aus Schönheitsrücksichten beanstandet werden, können die Vorschübe zu einer beliebigen Steigung für das Schlichten geändert werden. Dies Verfahren wird vorgeschlagen als das durch Erfahrung am rationellsten befundene, gegenüber dem, bei welchem man die Tiefe des Schnittes schätzt, um das überflüssige Material abzunehmen und die Scheibe mit kleinem Seitenvorschub versieht.

Feineinstellungen und selbsttätige Bewegungen des Rades sind unbedingte Notwendigkeiten. Fig. 7 zeigt eine selbsttätige Schaltung einer Rundschleifmaschine. Die Beziehung zwischen der Abnutzung des Rades und der Abnahme des Materials kann nur durch diese Mittel genau bestimmt werden, und außerdem vereinfachen diese Einstellungen und selbsttätigen Bewegungen die Arbeit und sparen viel Zeit beim Messen.

Fig. 7.
Schaltung einer Rundschleifmaschine.

Die Funkengarbe, welche das Schleifrad erzeugt, ist das Hauptmittel, welches der Schleifer hat zur Bestimmung der Tiefe seiner Schnitte und der Menge von Material, das er abnimmt. Beim Schleifen der meisten Arten harter Stähle ist große Sorgfalt notwendig, da die Funken dunkelrot sind und kaum zu sehen sind, wenn feine Schnitte genommen werden, besonders in dem Fall, wenn die Stücke sich ihrer richtigen Größe nähern. Dieselbe Vorsicht ist nötig, wenn man Kupfer, Messing oder Metallegierungen schleift, und das beweist deutlich die Vorteile und die Notwendigkeit einer genauen Feineinstellung.

Mit Hilfe der genannten Querbewegungen können wir die Menge von Material, welche wir abnehmen, genau messen, und dadurch viel Zeit sparen, welche wir sonst für das wiederholte Messen verwenden müssen. Bei Massenanfertigung müssen wir aufpassen, daß die Funken jedes Arbeitsstückes von ungefähr derselben Stärke sind, wenn wir austauschbare Teile erzielen wollen. Ziehen wir die Scheibe in dem Augenblick zurück, in welchem sie bis zu einem bestimmten Punkt vorgeschaltet wurde, so wird die Funkenmenge noch stark sein und das Stück größer im Durchmesser ausfallen, als wenn wir die Scheibe von diesem Augenblick an ohne Anstellung weiter arbeiten lassen, bis keine Funken mehr erzeugt werden.

Möglichst geringe Abnutzung der Räder bei hoher Leistungsfähigkeit der Maschine erfordern, daß die Schnitte mit ganz regelmäßigen Schaltungen bei einem bestimmten Arbeitsstück mit einem bestimmten Rad hergestellt sein müssen. Daher muß die Einstellung des Schnittes selbsttätig erfolgen, und muß für jede Tiefe des Schnittes einstellbar sein, damit der Schleifer die günstigsten Vorschübe für seine Arbeit anwenden kann. Da Vibrationen bei schnellaufenden Maschinen immer auftreten, aber für sauberes Schleifen vermieden werden müssen, so müssen alle Maschinenteile schwer genug ausgeführt sein, um Erschütterungen aufzuheben, und Vorrichtungen vorhanden sein, um die Erzitterungen des Arbeitsstückes zu verhindern. Bei den zylindrischen Maschinen sind wir gezwungen, das Arbeitsstück zwischen Spitzen zu halten, und deshalb müssen wir ein Mittel suchen, um eine Art Verbindung durch wirksame Stützen oder Brillen herzustellen, welche den Vibrationen widerstehen, die aus der Wirkung der unendlich vielen kleinen Schneiden stammen.

Eine kräftige Wasserzufuhr soll ein Hauptkennzeichen für die Plan- und Rundschleifmaschinen darstellen. Bei den letzteren ist eine Wasserzufuhr immer notwendig, und bei den ersteren ist die einzige Ausnahme beim Schleifen von Gußeisen, welches nachher geschabt wird. Das Schleifen von Gußeisen mit Wasser erzeugt eine Fläche, welche etwas schwierig zu schaben ist; aber da dieses Schleifverfahren die vorher entstandenen Maschinenfehler entfernt, so ist nur soviel Schabarbeit notwendig, um die Fläche für die Aufnahme von Schmiermitteln geeignet zu machen (sogen. ölhaltende Flächen). Bei beiden Maschinen ist genaue

Arbeit erforderlich, ihr Hauptzweck ist das Beseitigen der Ungenauigkeiten, welche durch die ersten Maschinenprozesse entstanden sind; denn die ganze Formgebung muß vollkommen sein. Die Tatsache, daß Wasser benutzt wird, soll für den Konstrukteur kein Grund sein, die Arbeitsflächen nicht genügend gegen Staub zu schützen, da Wasser denselben nur in beschränktem Umfang binden kann. Eine genügend große Treibkraft ist notwendig, um das Rad bei konstanter Geschwindigkeit unter maximaler Arbeitsleistung zu halten, da, wenn die Geschwindigkeit der Scheibe herabgesetzt wird, sowohl ein Verlust an Schleifmaterial eintritt, als auch eine Leistungsverminderung.

Der Verfasser hat in seiner Praxis die Maschinen, welche er benutzte, unter Berücksichtigung ihrer ursprünglichen Konstruktionen so umgeändert, daß die verschiedenen vorgeschlagenen Gesichtspunkte berücksichtigt wurden, und hat dasselbe auch anderen geraten, und ohne Ausnahme gefunden, daß das Resultat die Änderung rechtfertigte.

Dieses Kapitel kann man ohne einige Bemerkungen über die Universal-Werkzeugschleifmaschine nicht schließen. Diese Maschine ist für den allgemeinen Gebrauch in der Werkzeugmacherei konstruiert, wo die verschiedene Art von Schleifarbeit den Ankauf von Spezialmaschinen nicht lohnt. Wenn sie gut gebaut ist, erfüllt sie denselben Zweck wie die sogenannte Universalmaschine — das heißt, sie wird jede Art Arbeit unter Verlust von viel Zeit schleifen können. Die Hauptzeitverluste entstehen aus dem Umbau von einer Arbeit auf die andere, daher ist die Maschine die beste, bei welcher diese Änderungen leicht und einfach sind. Der allgemeine Fehler bei diesen Maschinen ist der, daß sie nicht schwer genug gebaut sind, und da sie ferner meistens nicht für Naßschleifen eingerichtet sind, sind sie bald abgenutzt oder beständig in Reparatur. Wenn keine Wasserzuführung an der Maschine angebracht werden kann, kann durch die Anbringung eines Staubabsaugers die Unannehmlichkeit vermindert werden, und obwohl dies für die Arbeit selbst von keinem Vorteil sein wird, wird es das Leben der Maschine und derjenigen, welche sie bedienen, verlängern.

Viertes Kapitel.

Abnutzung des Schleifrades und Güte der Fertigbearbeitung.

Die bloße Behauptung, daß eine Scheibe oder Maschine eine bestimmte Material-Menge in einer bestimmten Zeit entfernen kann, ist belanglos, wenn über die Kosten des Schleifrades und der nötigen Antriebskraft nichts gesagt ist. Wenn wir ein Rad mit der Hand anstellen, können wir ein schnelles Abschruppen des Materials nur bis zu einem bestimmten Punkt beibehalten, und wir müssen große Sorgfalt ausüben, wenn wir uns dem genauen Maß nähern. Wenn wir aber eine mechanische Vorrichtung (Fig. 7) für die Einstellung des Rades haben, welche die Schnittiefe reguliert, und welche an einem bestimmten Punkt nach Bedarf selbsttätig ausrückt, wird die Arbeit des Schleifers vereinfacht und die günstigsten Schnitt- und Vorschubgrößen leicht gefunden. Z. B.: Eine 100 mm Welle wurde mit einer 36 M-Scheibe von 600 mm Durchmesser und 50 mm Breite geschliffen. Das Arbeitsstück lief mit einer Umfangsgeschwindigkeit von 10,7 m pro Minute, und das Schleifrad wurde mit der Hand ungeachtet der Abnutzung angestellt; das Resultat war, daß 61,5 ccm Material in einer Minute entfernt wurde, und die Scheibe 47,23 ccm verlor. Mit derselben Scheibe und Umfangsgeschwindigkeit, aber bei selbsttätiger Einstellung des Schleifrades um 0,05 mm an jedem Ende der Welle, wurde dieselbe Menge Material in 3 Min. 5 Sek. entfernt, und der Verlust betrug nur 5,67 ccm am Rade. In dem ersten Fall waren, um die Maschine zu treiben, 23 PS nötig gegen 13 PS im zweiten Falle; die Oberfläche im ersten Fall war außerdem ungleichmäßig und veränderte sich im Durchmesser um 0,075 mm auf je 50 mm Länge gegen 0,025 mm bei dem zweiten Beispiel.

Bei diesem Versuch sah man, daß viel Kraft verbraucht wurde, und die Scheibe wurde deshalb gegen eine von weicherem

Grad ausgewechselt (36 L). Nach der Einsetzung des weichen Rades wurde die Umfangsgeschwindigkeit des Arbeitsstückes auf 7,5 m pro Minute herabgesetzt, und die Maschine wurde auf dieselbe Schnittiefe (0,05) eingestellt. Mit dieser Kombination wurden 59 ccm Material in 3 Min. 30 Sek. entfernt mit 3,3 ccm Verlust an dem Rade. Der Kraftbedarf betrug 8,5 PS und die Oberfläche war ziemlich gleichmäßig.

Angenommen, daß die Scheibe 5,2 Pf. p. ccm kostet und der Lohn des Schleifers 80 Pf. pro Stunde beträgt[1]), werden wir imstande sein, die genauen Kosten jeder Kombination zu bestimmen, und wir finden bei der letzten und besten, daß die weichere Scheibe mit der richtigen Geschwindigkeit des Arbeitsstückes die billigste ist. Es wird nicht behauptet, daß diese Kombination die beste sei, weil, wenn wir die Geschwindigkeit des Arbeitsstückes noch mehr vermindern, die Abnutzung des Rades noch geringer sein wird; in diesem Fall muß der Seitenvorschub auch vermindert werden, da die Scheibe bei den genannten Versuchen einen Vorschub von ihrer ganzen Breite bekommen hat. Es würde eine interessante Frage sein, zu bestimmen, ob das Sparen an Schmirgel bevorzugt werden soll, gegenüber der wahrscheinlichen Zunahme an Zeitaufwand, welcher nötig ist, das Material durch schwache Schnitte zu entfernen. Wenn man diese Frage sorgfältig verfolgt, würde man sehen, daß die besten Kombinationen durch richtige Beobachtung und logische Schlüsse wohl zu ermitteln wären.

Die 36 M Scheibe wurde gewählt, da sie auf demselben Material für jeden Durchmesser bis 76 mm mit 7,5 m per Minute Umfangsgeschwindigkeit erfolgreich gearbeitet hat; auf dem 100 mm Durchmesser bekam sie eine größere Berührungsfläche und das Bindemittel bröckelte nicht genug, so daß die Scheibe mit Spänen so verstopft wurde, bis sie nicht mehr schleifen konnte. Eine höhere Umfangsgeschwindigkeit des Arbeitsstückes beseitigte diese letzte Sorge, riß aber die Körner weg, bevor sie abgenutzt oder stumpf waren. Ein leichter und gleichmäßiger Schnitt verminderte dies zwar, aber es war doch zu ersehen —

---

[1]) Für deutsche Verhältnisse vergleiche: Schlesinger, Die Festigkeit der künstlichen Schmirgel- und Carborundumscheiben, usw. Werkstattstechnik 1907. Seite 502 u. f.

an dem Erhitzen der Arbeit, dem Rutschen des Treibriemens und der Erschütterung —, daß die Scheibe zu hart war: alle diese Umstände führten zu dem Schluß, daß die Arbeitsgeschwindigkeit für rationelles Schleifen zu groß war und daß 7,5 m die richtige Geschwindigkeit für ein Rad von weicherem Bindemittel ist. Da die Einstellung des Rades selbsttätig geschah, so war der Schleifer imstande, die Abnutzung der Scheibe für eine gewisse abgeschliffene Materialmenge genau zu bestimmen und die Geschwindigkeiten und Schnittiefen danach zu regulieren.

Das Schleifrad soll niemals das Werkstück färben oder verbrennen; denn, wenn dies geschieht, wird das Stück sich verziehen. Beim Schleifen von Röhren oder Stücken mit dünnen Wänden ist dies sehr leicht möglich, weil weniger Material an der Schleifstelle vorhanden ist, um die erzeugte Hitze abzuleiten. In diesem Falle muß die Schnittiefe gering sein und die Arbeitsgeschwindigkeit höher als für volles Material. Dieselbe sollte bis zu dem Punkte erhöht werden, wo das Rad nicht brennt, und dann soll eine entsprechend weichere Scheibe gebraucht werden. Diese Kombination ergiebt starke Abnutzung der Scheibe, aber dies ist nicht zu vermeiden, wenn genaue Arbeit verlangt wird.

In einem früheren Kapitel wurden grobe Schleifräder als geeigneter vorgeschlagen und der Grund dafür ist, daß die nötige Sauberkeit der Fertigbearbeituug nicht, wie allgemein angenommen, von der Feinheit des Korns im Rade abhängig ist. Um dies besser zu erklären, müssen wir das, was an der Schleifstelle stattfindet, beobachten. Bei einer passenden Scheibe von irgend einer Kornnummer und bei Schrupparbeit ändern wir beständig die Schneidfläche der Scheibe; einzelne Körner werden völlig abgenutzt und andere wieder aus dem Rade selbst herausgerissen. Dies bedeutet, daß das Schleifrad immer rauh und scharf bleibt und die geschliffene Fläche dementsprechend ausfällt. Wenn wir nun den Schnittdruck auf leichte Schnitte ermäßigen, so werden alle scharfen Kornspitzen anfangen sich abzunutzen, und die Fläche wird etwas verbessert werden; und zwar desto mehr, je weiter die Umfangsgeschwindigkeit vermindert wird.

Deshalb müssen wir, um größere Sauberkeit bei der Fertigbearbeitung zu erreichen, das Rad ganz genau laufend und glatt erhalten. Das läßt sich durch leichte Schnitte erzielen, aber der

Zeitaufwand wird dabei so groß, daß wir zu anderen Mitteln greifen müssen.

Das einzig richtige Werkzeug für das genaue Abdrehen der Scheibe ist der Diamant. Die Körner des Rades müssen in der Lage, welche sie in demselben innehaben, genau abgedreht werden,

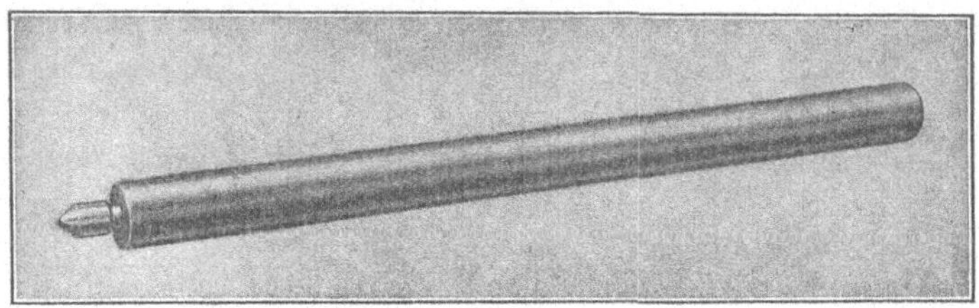

Fig. 8. Diamant mit Halter.

und der Diamant ist das einzig mögliche Mittel, dies zu erzielen. Das übliche Abdrehwerkzeug für Schleifsteine ist für genaue Zwecke unbrauchbar, obwohl es für den Schleifstein und dergleichen das richtige Werkzeug ist. Ebenso falsch ist es, Scheiben mit einem Schmirgelstück abzuziehen; dies wird gewiß das Korn entfernen und die Schleiffläche beinahe genau machen, aber nicht genau genug für Präzisions- und saubere Arbeiten. Der Diamant soll in einem geeigneten Halter (Fig. 8) befestigt und durch eine Vorrichtung (Fig. 9) gehalten werden. Er soll nur dann mit der Hand gehalten werden, wenn es nötig ist, eine bestimmte Form zu drehen. Das Schleifrad soll immer in derselben Ebene und mit derselben Geschwindigkeit wie beim Schleifen rotieren[1]).

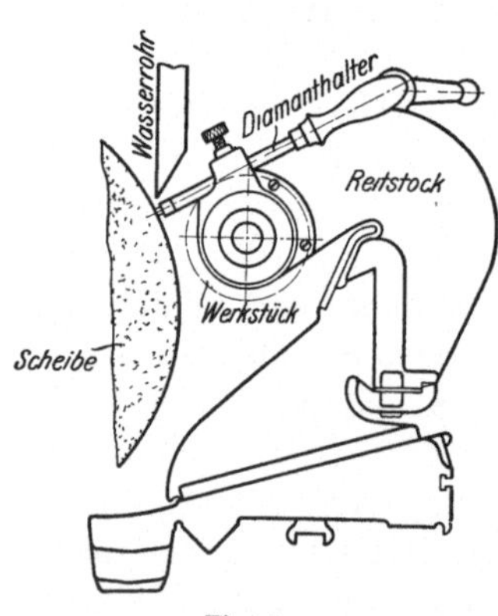

Fig. 9.
Abdrehen der Schmirgelscheibe.

Bei der Planschleifmaschine muß der Diamant auf den Tisch, und nicht in die Höhe der Radmitte, gestellt und die Scheibe über ihn quergezogen werden. In dem ersten Fall bekommt man eine

[1]) Der Übersetzer rät eine etwas langsamere Geschwindigkeit.

Schleiffläche des Rades, welche parallel zur Schleiffläche der Maschine ist, und in dem letzteren Fall kommt die Ungenauigkeit der Maschine in Frage: z. B. wenn die Spindel nicht parallel mit der Traverse ist, wird man ein Kegelrad drehen, und die geschliffene Fläche wird deutlich die Neigungslinie zeigen. Aus denselben Gründen muß ein Diamant bei der Rundschleifmaschine genau in die Mitte gestellt werden.

Wenn möglich soll ein kräftiger Wasserstrahl dem Diamanten zugeführt werden (Fig. 9), damit derselbe nicht heiß wird; mehrere leichte Schnitte sind wenigen groben vorzuziehen. Wenn eine Scheibe mit dem Diamanten abgezogen ist, ist sie noch nicht in richtigem Zustand für das Fertigschleifen, und die Arbeit selbst ist das Mittel, diese Rauhigkeit zu beseitigen. Zu diesem Zweck muß das Arbeitsstück auf eine langsamere Geschwindigkeit herabgesetzt werden; und je nach der Härte des Materials wird das

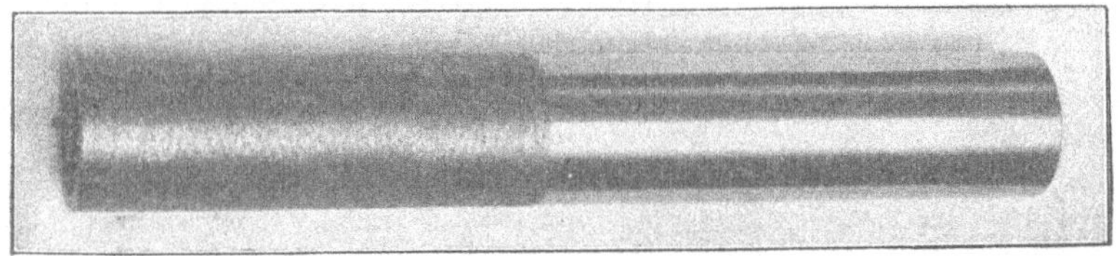

Fig. 10.
Gewöhnliches gezogenes Eisenrohr geschruppt und geschlichtet mit derselben Schleifscheibe.

Rad nach ein oder zwei Schnitten in richtigem Zustand sein. Wenn dies erzielt ist, kann man die Arbeitsgeschwindigkeit allmählich, ohne viel Unterschied in der Sauberkeit der Fertigbearbeitung, vergrößern. Die sicherste Regel ist aber, daß je niedriger die Umfangsgeschwindigkeit des Stückes, desto besser die Sauberkeit der Fertigbearbeitung ist.

Viel Vorteil ist durch das Vor- und Fertigschleifen mit demselben Rad zu erzielen (Fig. 10), da es die Mannigfaltigkeit an Rädern vermindert und deshalb Verwirrungen in ihrer Wahl verkleinert. Ein Rad von 36 Korn hinterläßt eine Fläche, deren Schleifmarken eine Tiefe von 0,006 mm haben, welche für allgemeinen Werkstattsbedarf sauber genug ist; und das ist alles, was man von einer feinen Scheibe in einer gewissen Zeit verlangen kann.

Viele Schleifer haben eine falsche Vorliebe für einen hohen Glanz beim Fertigschleifen, aber das Verfahren, diesen

Glanz zu erzielen, kann nicht empfohlen werden, da es teuer und irreführend ist. Die Schleifer gewöhnen sich daran, diesen hohen Glanz mit ungeeigneten Schleifrädern zu erreichen, welche so hart sind, daß sie nur unter großem Druck schleifen. Ist die Befestigungseinrichtung fehlerhaft oder das geschliffene Material nicht gleichartig, so ist der saubere Glanz der einzige Gewinn. Derselbe Erfolg kann mit einem geeigneten Schleifrade nach einem sicheren Verfahren erreicht werden, wenn genug Zeit aufgewendet wird, indem man das Rad wiederholt über die Arbeit laufen läßt, wenn es eigentlich schon zu schleifen aufgehört hat und nur noch poliert. Wir können sagen „Zeit verschwendet", weil dieser Glanz — wenn wirklich nötig — durch billige Arbeitskraft und durch abgenutztes Schmirgelpapier erzielt werden kann, und um die Dauerhaftigkeit zu sichern, wird es besser sein, dies bis zu dem Montieren zu lassen.

Man kann hier auch noch hinzufügen, daß Scheiben manchmal aus einer Zusammensetzung von grober und feiner Körnung gemacht werden, um ein sauberes Fertigschleifen und auch ein schnelles Vorschleifen zu erzielen. Beim Vorschleifen ist die grobe Körnung mit ihrer tiefen Einbettung das wirksame Mittel, während die feinen Teile des Rades eine sauberere Fertigbearbeitung ermöglichen, als durch ein Rad mit einer einzigen Kornnummer erreichbar wäre. Mit Rücksicht auf die Arbeitsgeschwindigkeit für das Fertigschleifen kann man keine völlig zuverlässigen Zahlen angeben; man kann aber sicher sagen, daß eine Geschwindigkeit, die 25 v. H. weniger ist als die, welche wir für das Vorschleifen vorgeschlagen haben — nämlich für weichen Stahl 7,5 m pro Minute —, eine Grundlage bildet, von der man ausgehen kann. Die Abweichungen von dieser hängen von dem Urteil des Schleifers ab: z. B. für höhere Grade der Fertigbearbeitung muß er die Geschwindigkeit des Arbeitsstückes vermindern; wenn das Rad aber die Arbeit zu verbrennen oder zu verglasen anfängt, muß er die Geschwindigkeit vergrößern; und gelingt dies nicht, muß er den Diamant benutzen und sich überzeugen, daß die Scheibe genau und glatt ist. Wenn er jetzt keinen Erfolg hat, ist dies ein Beweis, daß das Rad ungeeignet ist und durch ein weicheres ersetzt werden muß, oder durch eins mit feinerem Korn, wenn das Arbeitsstück eine harte Oberfläche besitzt.

Das Verglasen und Verbrennen ist ein Zustand des Rades, welcher öfter eintritt, wenn das Schleifen längere Zeit dauert. Bei einer Scheibe mit feinem Korn und geeignetem Grad findet dies seltener statt, weil die Körner niemals mit zu großer Fläche in die Arbeit eindringen; deshalb kann es wünschenswert sein, bei der Massenfabrikation mit einem groben Rad vorzuschleifen und mit einem feineren fertigzuschleifen. Beim Fertigschleifen mit einem groben Rade werden die breiten Körner manchmal nicht schneiden, und durch die zunehmende Reibung wird dann die Arbeit gefärbt oder verbrannt, oder sie bekommt ein verglastes Aussehen, und ihre Oberfläche wird nicht gleichmäßig sein. Die Sauberkeit der Arbeit ist abhängig von der Härte des geschliffenen Materials, und die Scheibe muß mit dem Diamant häufiger abgezogen werden. Für allgemeine Zwecke wird eine Oberfläche, angefertigt nach den oben erwähnten Gesetzen, gut genug sein, und nur wenn eine bessere verlangt wird, dann muß man seine Zuflucht zum Polieren nehmen. Es ist zu betonen, daß eine spiegelnde Fertigbearbeitung kein wahres Schleifen, und ihr einziger fraglicher Vorteil ihr Aussehen ist.

Fünftes Kapitel.

Mangelhafte Arbeit und einige Gründe dafür.

Es ist eine allgemein bekannte Tatsache, daß in den Werkstätten, in denen die Fertigbearbeitung auf Schleifmaschinen erfolgt, diese Arbeit durch ihre Güte und Gleichmäßigkeit höher bewertet wird, als diejenige, welche durch die rohere Arbeitsmethode mittels Feile und Schmirgelleinwand hergestellt ist. Der Grund liegt darin, daß die Arbeiter an den Schleifmaschinen mit den feinsten Meßwerkzeugen arbeiten; sie arbeiten nach einem Verfahren, bei welchem die kleinsten Fehler vielfach vergrößert erscheinen und deshalb leichter zu entdecken und zu entfernen sind. Fehler, welche bei gewöhnlichen Werkzeugmaschinen unbemerkt bleiben, erscheinen auf der Schleifmaschine in sehr übertriebener Form, ihre Empfindlichkeit ist so stark, daß eine Funkengarbe beim Arbeiten erzeugt werden kann, ohne daß die merkbare Reduktion des Stückes meßbar ist.

Das Aussehen eines Stückes ist nicht immer das wichtigste; und da eine gute Revision Fehler in den Maßen und der Achsenrichtung nachweisen könnte, so lohnt es sich einige Zeit aufzuwenden und zu überlegen, wie diese Fehler, welche äußerlich nicht zu sehen sind, beseitigt werden können.

Sauberkeit bei der Arbeit kann man als das wesentlichste betrachten, nicht nur mit Rücksicht auf die Maschine, sondern auch auf die Einspannvorrichtungen; Zentrierlöcher müssen rund und von gleichmäßigem Winkel sein, und außerdem müssen sie von Spänen sauber gehalten und auch gut geschmiert werden. Alle Büchsen und Einspannfutter sollen rein sein, und die Hand ist das beste und entscheidende Prüfmittel für diesen Zweck, weil der Tastsinn ein ausgezeichnetes Hilfsmittel zur Entdeckung von Spänen und Schmutz ist. Alle Keilnuten, Bohrungen usw. sollen vor dem Schleifen angefertigt werden, da sich das sauber geschliffene Arbeitsstück durch diese Operationen verzieht, und die

Fertigstellung durch die bei solchen Operationen nötigen Eingriffe verdorben wird. Man muß sich angewöhnen die ganze Arbeit erst nach allen Richtungen zu schruppen und dann zu schlichten, da jede neue Bearbeitung an einem Arbeitsstück Änderungen in den Innenspannungen hervorruft, welche die Genauigkeit der schon fertigen Stelle stören; dies bezieht sich hauptsächlich auf die gehärteten Stücke. Viele Fabriken schleifen ihre Präzisions-Werkzeuge, wie Normalmeßwerkzeuge und Lehren, erst ungefähr ein Jahr später fertig, nachdem sie gehärtet und vorgeschliffen sind, damit die Innenspannungen sich ausgleichen können. Dieses Verfahren ist für allgemeine Handelswaren fast unausführbar, und die folgende Methode, welche der Verfasser mit Erfolg anwendet, sei daher angeraten. Ein gehärtetes Stück wird zuerst vorgeschliffen, aber man muß mit der abzunehmenden Menge vorsichtig sein (bei einem Stück, welches leicht federt, darf man nur eine kleine Schicht abnehmen, um sicher zu sein, daß man nachher mit der Materialmenge auskommt); das Stück wird dann nochmals erwärmt bis zu einer Temperatur, bei der das Wasser gerade zischt, und dann läßt man es langsam abkühlen. Heißen Sand kann man für die Wiedererwärmung benutzen. Wenn das Stück abgekühlt ist, wird es herausgenommen und so lange als möglich, bis zur Fertigbearbeitung beiseite gelegt. Diese Fertigbearbeitung soll zunächst im Schruppen mit ca. 0,05 mm Zugabe an allen Stellen und dann im Schlichten bestehen,

Gehärtete Arbeitsstücke sollen nie im kalten Zustande gerade gerichtet werden, weil sie ihre alte Form leicht wieder annehmen. Die Stücke sollen, wie oben erwähnt, zuerst erwärmt, und dann unter einer Presse oder mit den üblichen Richtschrauben gerichtet werden, welche für diesen Zweck ein gutes Werkzeug sind. Arbeitsstücke, welche mit der Stange mittels Durchbiegens gerichtet sind, werden, zwischen den Spitzen aufgenommen, selten ihre verlangte Form behalten, werden dagegen eher gerade bleiben, wenn das erstgenannte Verfahren ausgeführt wurde. Jedes Arbeitsstück, welches durch das Härten krumm geworden ist und nachher gerade gerichtet wurde, ist verdächtig; die richtigen Vorsichtsmaßregeln sollen schon beim Härten getroffen werden. Sie werden in einem anderen Kapitel behandelt. Gehärtete Scheiben und ähnliche Stücke sollen, um sicher zu gehen, daß kein Sprung vorhanden ist, durch Anschlagen auf einer Metallplatte revidiert werden. Sprünge sind öfters vorhanden, obwohl sie mit den Augen nicht zu sehen sind; es können auch Flächensprünge da sein, welche durch die Anwendung zu feiner oder zu harter Schleifräder verursacht werden.

Um auf das Geraderichten zurückzukommen, muß man sagen, daß das Hämmern so selten als möglich angewendet werden soll. Es wirkt nur oberflächlich ein, und bedeutet, daß die Spannungen in dem Stück nur künstlich ausgeglichen sind. Wenn wir eine krumme Stange nehmen und die konkave Seite hämmern, so werden wir genug Spannung auf einer Seite erzielen, um die Stange gerade zu richten; diese Spannungen dringen aber nur bis in eine bestimmte Tiefe, und wenn wir den Durchmesser beim Schlichten verkleinern, so heben wir die Spannungen natürlich z. T. wieder auf. Wenn das Arbeitsstück trotz alledem bei der

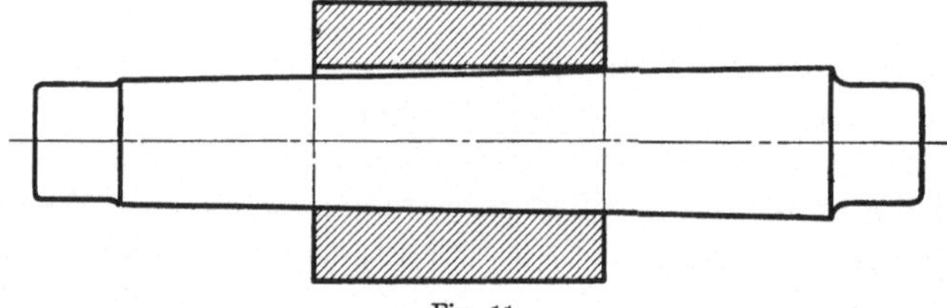

Fig. 11.

Herstellung genau wird, so wird es fast sicher seine gebogene Form nach einiger Zeit wiederannehmen, besonders wenn es einen Prellschlag erhält.

Arbeitsstücke mit langen Löchern sollen beim Schleifen nie durch Reibung auf einem Dorn gehalten werden, sondern sollen auf besonderen zylindrischen Dornen gehalten und mit Mutter gegen einen Bund gezogen werden. Wenn die Löcher nicht ganz genau sind, so verzieht sich der Dorn, so bald er in das Loch gezwängt wird, und wenn er herausgenommen wird, kann die Arbeit ungenau sein. Der Dorn soll mit harten Zentrierlöchern (Körnern) sorgfältig angefertigt werden, und der Bund und die Mutter sollen genau sein; stimmt seine Mittelachse mit dem Loch der Arbeit überein, so kann der Dorn als eine Lehre zur Bestimmung der Genauigkeit des Loches dienen. Reibungsdorne sollen nie in ein Loch fest hineingetrieben werden, und sie sollen nur einen sehr schwachen Konus haben, sonst wird die Arbeit an einem Ende ungenau werden. Fig. 11 zeigt dies in einer übertriebenen Form.

Eine große Fehlerquelle beim Schleifen bilden die Befestigungsmethoden. Einige Arbeiter sind sehr ungeschickt und sehen nicht ein, daß das Stück, welches geschliffen wird, nicht so stark befestigt zu werden braucht, als bei anderen Maschinen; öfters verziehen sie die Arbeit durch das Aufspannen. Spanneisen sollen selten ohne Unterlegstücke oder Büchsen benutzt werden, und wo diese nicht benutzt werden können, dürfen nur kleine Drücke zur Befestigung ausgeübt werden. Beim Planschleifen ist es leichter und sicherer für die Erzielung gleichmäßiger Höhe, daß man die Unterlegstücke in ihrer Stellung zuerst überschleift, und dann die Unebenheiten des Arbeitsstückes durch dünnes Papier ausgleicht, bevor man es befestigt. Ähnliche Vorsicht ist bei der Rundschleif-

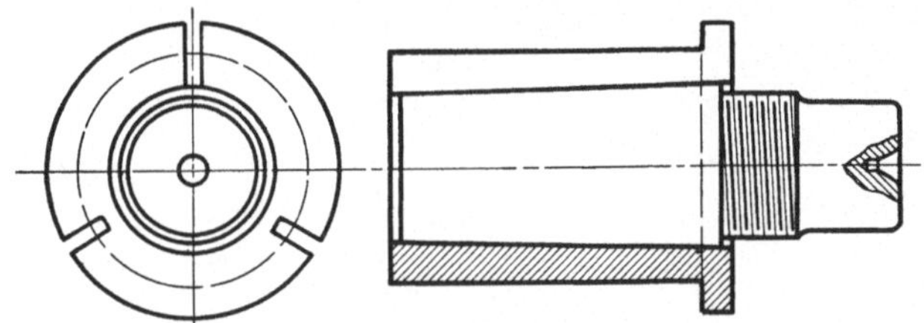

Fig. 12.
Konusdorn für röhrenartige Werkstücke.

maschine notwendig, und das Backenfutter muß vorsichtig benutzt werden. Beim Schleifen von Büchsen und ähnlichen Teilen ist es besser, erst außen vorzuschleifen, und für das Innenschleifen die Stücke mit besonders gebohrten Futtern zu halten.

Fehler entstehen oft durch das zu feste Hineintreiben des Dorns bei röhrenartigen Arbeiten. Wenn sie vom Dorn heruntergepreßt sind, so findet man manchmal eine Abweichung im Durchmesser, oder wenn das Loch nicht rund ist, so findet man, daß das Stück auch außen unrund ist. Die Dorne sollen so hergestellt werden, daß sie in das Loch gerade passen; sie sollen einen Bund haben, gegen welchen das Ende des Rohres anliegt, um dem Druck der Spitze zu widerstehen. Einen praktischen Aufspanndorn zeigt Fig. 12. Es ist hier zu beachten, daß der Konus sehr schlank sein muß, und der Dorn gute harte Körner haben muß; die gebräuchlichsten Büchsen können auf Lager zum sofortigen Gebrauch gehalten werden. Dünnwandige Hohlstücke sollten immer mit Endstücken geschliffen werden; man sollte nicht die Bohrung einfach auf den Körnerspitzen laufen lassen, wie Fig. 13 zeigt; die größere Zentrierfläche vervielfältigt die Fehlermöglichkeiten sowohl als die Gefahr des Fressens.

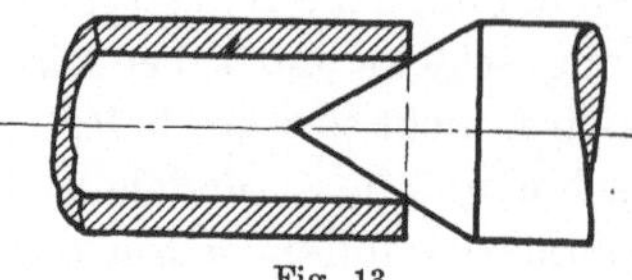

Fig. 13

Es ist zu beachten, daß der Hauptzweck des Wassers beim Schleifen ist, die Temperatur des Arbeitsstückes normal zu halten und die Wärmeentwickelung an der Schleifstelle zu verhindern, und nicht, wie es manchmal behauptet

Fig. 14.
Funkengarbe im Wasser an der Schleifstelle.

wird, die Funken zu löschen (Fig. 14). Aus diesem Grunde muß das Wasser unmittelbar an der Schleifstelle, wo es nötig ist, zugeführt werden, und nicht an einer anderen Stelle der Arbeit, wie es öfters geschieht. Ein zweiter Zweck, aber auch von großer Wichtigkeit, ist der, die Schmirgelkörper und den Staub in einem bestimmten Raum zu fangen, da dies von wesentlichem Einfluß auf die Lebensdauer der Schleifmaschine und anderer Maschinen in der Nähe ist. Aus Gesundheitsrücksichten ist das Niederschlagen des Staubs ebenfalls sehr zu beachten; es macht außerdem das Bedienen der Maschine angenehm für diejenigen, welche Sauberkeit schätzen. Für den Gebrauch an der Schleifmaschine muß das Wasser mit genug Soda gemischt werden, damit die Maschine und die Arbeit nicht rostet. Ist zuviel Soda vorhanden, so muß Öl zugesetzt werden, um ein Ausscheiden der Soda an der Maschine oder der Arbeit zu verhindern, da dies das Aussehen der fertigen Arbeit beeinträchtigt.

Das Schleifen ohne Wasser kann nicht erfolgreich ausgeführt werden. Wenn wir einen massiven zylindrischen Körper ohne Wasser zu schleifen versuchen, oder wenn wir beim Schleifen das Wasser absperren, wird die Mittelachse des Körpers sich beständig ändern. Beim Trockenschleifen von Röhren macht sich die fehlende Wasserzufuhr noch schneller bemerkbar, da weniger Material zur Ableitung der Hitze vorhanden ist, falls wir nicht zu einem anderen Mittel greifen, um das Arbeitsstück auf gleicher Temperatur zu halten. Dünnwandige Stücke verziehen sich sehr leicht, und in Fällen, wo die Bohrung genau mit der äußeren Fläche übereinstimmen muß, soll eine zu der Bohrung genau passende Stelle zuerst angeschliffen und an dieser Stelle mittels stillstehender Lünette gehalten werden. Andernfalls muß das Arbeitsstück ununterbrochen beobachtet werden, damit keine Abweichungen beim Schleifen durch übermäßige Erwärmung auftreten. Die stillstehende Lünette, welche der Schleifmaschine beigegeben ist, ist von der Dreibacken-Art, und jede Stelle, an welcher sie benutzt wird, muß ganz rund sein. Wenn dies nicht der Fall ist, wird die Lünette als eine Art Kopierdaumen dienen, und beim Schleifen die Fehler auf die Arbeit übertragen. Da diese Laufstellen gewöhnlich auf einer Drehbank hergestellt werden, sind sie nicht ganz rund und in diesen Fällen benutzt man öfters gußeiserne in Spezialsupporten befestigte Führungsbacken, wie z. B. in Fig. 15 gezeigt wird. Diese Führungsbacken vermindern die Fehlerquellen und halten auch den Staub fern.

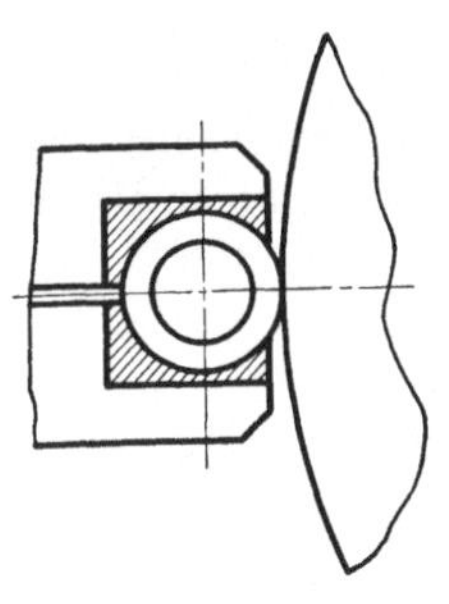

Fig. 15.
Führungsbacke für Lünette.

Manchmal kommt es vor, daß ein Teil der Arbeit, welche an einer Stelle ihrer Oberfläche gehärtet wurde, größer im Durchmesser ausfällt, als ein weicherer Teil nebenan; in solchen Fällen muß die Scheibe beim Fertigschleifen ganz frei schneiden, um ein Mißlingen zu vermeiden. Dasselbe bezieht sich auf jedes Stück von unterbrochener Form, besonders bei Gußeisen, weil das Schleifrad, namentlich wenn es stumpf ist, beim Hinübergleiten über die Unterbrechung von dieser mehr abnehmen wird, und weil Fehler beim Abmessen hinzutreten können. Fig. 16 zeigt einen Fall, bei welchem, wenn das Rad stumpf wäre, das Maß zwischen den Stellen A—A kleiner als das Maß des vollen Durchmessers sein würde.

Die Frage der Güte der Fertigbearbeitung ist schon besprochen worden. Es ist noch zu beachten, daß eine glänzende Fläche, welche durch ein Schleifrad hergestellt wurde, immer mit

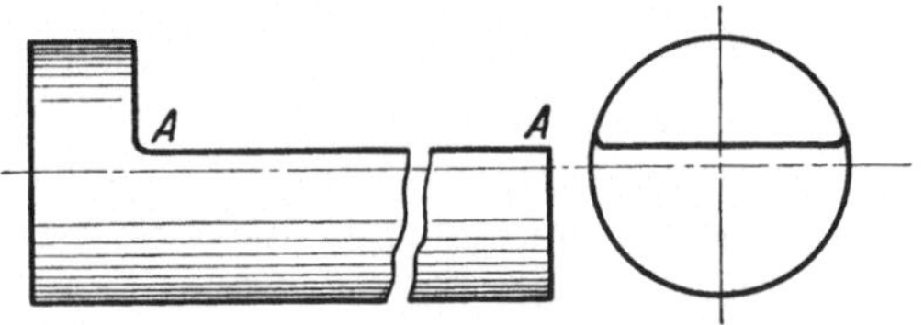

Fig. 16.

Mißtrauen angesehen werden muß. Vorschublinien, welche durch ein genau zylindrisches und laufendes Rad erzeugt wurden, kommen gar nicht in Betracht; im Gegenteil: man soll sie eher wegen der leichten Festhaltung des Schmiermittels vorziehen. Ihr Aussehen braucht man auch nicht in Betracht zu ziehen, wenn ihre Tiefe nicht meßbar ist, und Einwürfe gegen das Aussehen dieser Vorschublinien können als unsachverständig betrachtet werden.

Ratterzeichen sind die allgemeinsten Mängel beim Schleifen und ihre Beseitigung scheint die größten Schwierigkeiten zu bereiten. Ihr Vorkommen zeigt, daß Erschütterungen durch die Arbeit oder die Brillen, durch das Rad oder seine Spindel hervorgerufen werden.

Diese Ratterzeichen haben die Form von flachen Ebenen, welche auf der Oberfläche der Arbeit erscheinen, und es ist manchmal möglich, die Gründe dieser Erscheinung nach ihrem Aussehen zu bestimmen. Wenn sie eine Spiralform annehmen und von grober Steigung sind, kann das Schleifrad entweder ungenau oder ungleichförmig in der Zusammensetzung sein; oder sie können ein Zeichen dafür sein, daß der Vorschub des Arbeitsstückes ungleichmäßig ist. Diese Markierungen können auch durch das Fehlen von Schmiermittel oder durch fehlerhaftes Montieren der Maschine entstehen, wenn die Laufbahnen sich verzogen hatten, so daß der Arbeitstisch sich schwankend bewegt; dies ist am auffälligsten bei den langsamsten Vorschüben des Tisches.

Wenn diese Ratterzeichen aber in feiner Teilung und spiralförmig auftreten, sind sie meistens durch die Vibration der Spindel, welche entweder zu schwach in der Konstruktion oder zu lose in ihren Lagern sein kann, hervorgerufen.

Treibriemen von ungleicher Dicke, oder durch ungeeignete Befestigungen verbundene Riemen können eine Störung des Schleifrades oder der Radspindel hervorrufen, und ihre Stöße auf die Arbeit übertragen. Schlecht passende Maschinenspitzen oder kleine Zentrierlöcher in der Arbeit ergeben ebenfalls eine Quelle für das Rattern. Zentrierlöcher sollen immer so groß sein als es die Umstände irgend erlauben, und in sie sollen die Spitzen genau passen. Die genaue zylindrische Form eines Arbeitsstückes ist von der Eigenschaft der Spitzen abhängig, und nur wenn wir sicher sind, daß alles an der Zentrierung in bester Ordnung ist, können wir an anderer Stelle die Ursache des Ratterns suchen. Beim Schleifen eines steifen Stückes (gegenüber einem langen biegsamen Stück) vernachlässigt öfter der Schleifer die Benutzung von Lünetten und Stützen, weil er denkt, daß dieselben wie bei der Drehbank, nur dazu dienen, dem Druck des Werkzeuges zu widerstehen. Obgleich dies bis zu einem gewissen Grade der Fall ist, sind die Brillen hauptsächlich nötig als ein Mittel zum Aufnehmen der Vibration auch von steifen Stücken. Der Schleifer muß in Betracht ziehen, daß, abgesehen von der Gestalt des Stückes, die Spitzen die schwächsten Stellen sind, und da die Erschütterungen von diesen Stellen ausgehen, muß er seine Brillen so anstellen, daß die Vibration aufgenommen wird, sonst wird er seine Scheibe zu schnell abnutzen. Jede einzelne Vibration kann mit dem leichten Schlag eines Hammers an der Schneidfläche des Rades verglichen werden, welche Erschütterung das Korn von dem Bindemittel freimacht. Die Form der Lünetten für kurze steife

Stücke braucht kaum besprochen zu werden, solange sie die entsprechenden Zwecke erfüllen, aber bei langen biegsamen Stücken müssen die Lünetten so konstruiert werden, daß sie der Arbeit darin gestatten, eine genaue zylindrische Form anzunehmen und diese nicht etwa verhindern. Kurze steife Stücke erhalten ihre zylindrische Form durch Aufnahme in den Spitzen; aber bei langen schlanken Stücken ist die Spitzenstützung auf bestimmte Entfernung von ihnen beschränkt, und deshalb wird die Gestalt und die Stellung der Lünetten wichtig. Die beste Gestalt einer Brille für zylindrische Arbeit ist die, welche durch zwei Segmente eines Bogens gebildet werden, dessen Radius gleich dem des Werkstückes ist (Fig. 17). Die Brille soll ungefähr die Hälfte des Umfangs berühren und soll von einem Material sein, welches sich leicht abnutzt und welches sich beim Schleifen den beständig wechselnden Abweichungen der Durchmesser selbsttätig anpaßt.

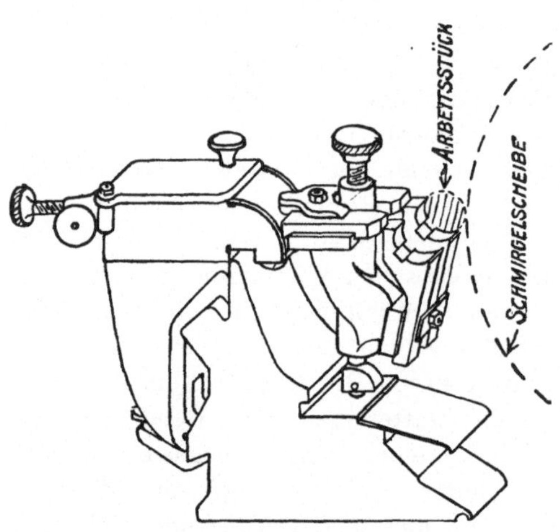

Fig. 17. Lünette.

Holz ist zweifellos das beste Material für diesen Zweck, und auch abgesehen von seiner Billigket und der Leichtigkeit seiner Bearbeitung ist es Metallen immer vorzuziehen. Es muß immer so einstellbar sein, daß es als eine Backe für die Arbeit dient, die darin liegen soll, aber es muß vertikale und horizontale Bewegungen haben; die letztere ist notwendig wegen der Abnutzung, und die erstere ist unerläßlich für lange schwache Arbeitsstücke, welche zur Verhütung der Vibration absichtlich verspannt werden müssen. In Fig. 18 ist gezeigt, wie durch die Schraube C die Verstellung der vertikalen Backen A und durch die Schraube D die horizentalen Backen B eingestellt werden. Beim rationellen Schleifen darf die Arbeit durch die Wirkung des Rades nicht ab-

Lünetten, um die Arbeit fest zwischen Spitzen und Tisch einzukeilen. Zur Erzielung desselben Resultats bei dünnen Stücken sollen sie von der Mitte nach oben gespannt werden, und die Höhe der Durchbiegung ist von der Dehnbarkeit des Stückes abhängig. Wir können mit dem Erhöhen der mittleren Brille anfangen und dann die an den Seiten erhöhen, bis das Stück einen Bogen bildet. Die Höhe des Bogens soll ungefähr gleich der sein, welche entsteht, wenn das Stück an den Spitzen frei hängt. (s. Fig. 30).

Kreisabschnitte als Auflagen sollen im Gebrauch ganzen Halbkreisen vorgezogen werden, damit die Backe sich leicht abnutzt,

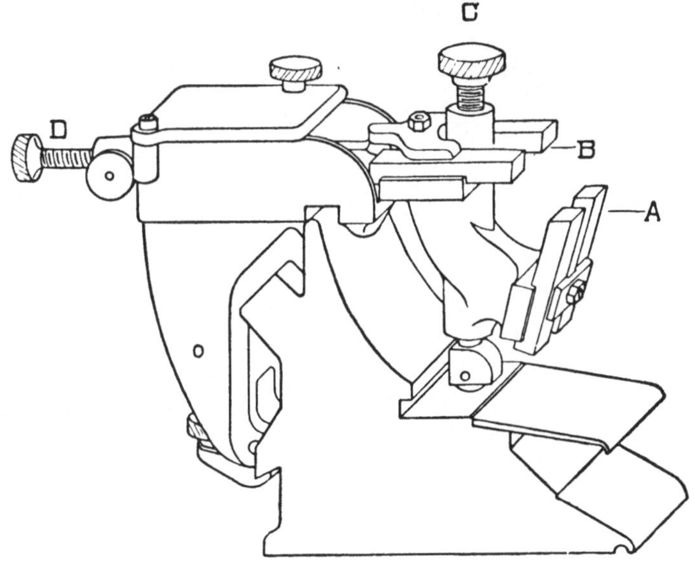

Fig. 18. Lünette.

und um zu sichern, daß an keiner Stelle durch die Abnutzung die Arbeit in den Backen rollen kann. Die Sehnen dieser Abschnitte sollen immer, aus leicht begreiflichen Gründen, größer sein als die irgend einer Keilnute im Werkstück. Wenn diese Kreisabschnitte aus getrennten Holzstücken oder aus einem Stück mit weggeschnittener Mitte bestehen, darf der Raum zwischen demselben niemals in der Mittellinie der Arbeit liegen, da bei dieser Anordnung das Stück exzentrisch wird. Die bessere Methode gedrückt werden, und um dies zu verhindern, benutzt man die ist, die unteren Kreisabschnitte so nahe als möglich an das Schleifrad zu stellen und die oberen auf die Mittellinie, wie z. B. Fig. 19 zeigt. Das Anbringen der Lünette an die Arbeit mittels Federn kann man nur unter gewissen Umständen empfehlen, z. B. beim Schleifen von kurzen steifen Stücken, bei denen nur eine geringe Materialmenge abzunehmen ist und wo nur leichte Schnitte zu machen sind; in diesem Fall wird der Druck des Schnittes so leicht sein, daß die größere Masse der Lünette die ganze Vibration aufnehmen wird, und sie wird sich auch selbsttätig einstellen.

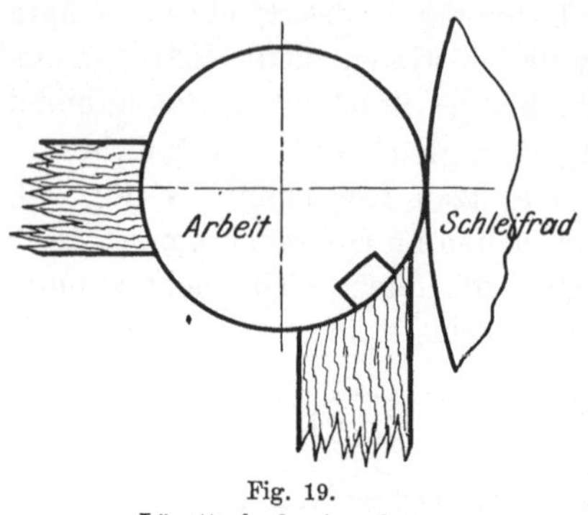

Fig. 19.
Lünettenbacke-Anordnung.

Auch für die Massenfabrikation würde dies von Vorteil sein; aber die Spannung der Federn darf nicht zu groß sein, um die Arbeit zu verziehen. Für rationelles Schleifen ist ihr Gebrauch zu verwerfen, weil sie eine Vergrößerung der Erzitterungen hervorruft. Diese Art Brillen sind untauglich in Fällen, wo die eigentümliche Gestalt des Stückes beim Rotieren die Biegung der Welle veränderlich macht, wie dies beim Schleifen von schweren Arbeitsstücken mit schwachen Zapfen der Fall ist. Eine Walze ist ein gutes Beispiel dafür, und die Verhütung der Rattermarken an den Zapfen kann nur durch das Anbringen fester Lünetten unter den Zapfen erzielt werden. Das Gewicht des mittleren Teils bei derartigen Körpern wirkt auf Fortsetzung einer Vibration, sobald diese durch das Schleifrad oder aus andern Gründen überhaupt erst einmal begonnen hat.

Eine Maschine, welche auf schlechtem Fundament steht, oder welche so aufgestellt wurde, daß beim Laufen das Ganze große Erschütterungen erzeugt, kann an sich Ursache für das Rattern sein. Die Konstruktion einer Maschine soll so sein, daß jeder Teil mit dem Ganzen schwingt; denn nur wenn es möglich ist, die Arbeit so zu befestigen, daß ihre Bewegungen mit der Masse der Maschine harmonieren, kann man mit Erfolg schleifen. Ist die Arbeit von solcher Gestalt, daß ihre Erschütterungen schwer zu überwinden sind, erhalten wir Ratterzeichen.

Fig. 20 zeigt eine schwere auf einer Stahlspindel montierte Walze von solchem Durchmesser, daß es nicht angängig ist, den Walzenteil von der unteren Seite her zu unterstützen; sie ist in Lünetten unter den Zapfen bei A A gestützt. Angenommen, daß die ganze Maschine aus irgend einem Grund vibriert, wird die zwischen zwei Spitzen hängende Walze nicht mit der Maschine gewissermaßen in Einklang vibrieren, vielmehr durch die Schwere in vertikaler Richtung. Obwohl die Zapfenlünetten etwas von diesen Erschütterungen aufnehmen, können sie trotzdem genug Bewegung erlauben, um Ratterzeichen hervorzubringen, welche sich an der Walze und den Zapfen zeigen. In diesem Fall nehmen die Zeichen eine Spiralform an, und um dieselben zu verhindern, müssen die Brillen so fest als möglich zwischen die Zapfen und den Tisch der Maschine gekeilt werden. Es wird aber viel besser sein, wenn irgend möglich, die Walze auch in der Mitte zu unterstützen.

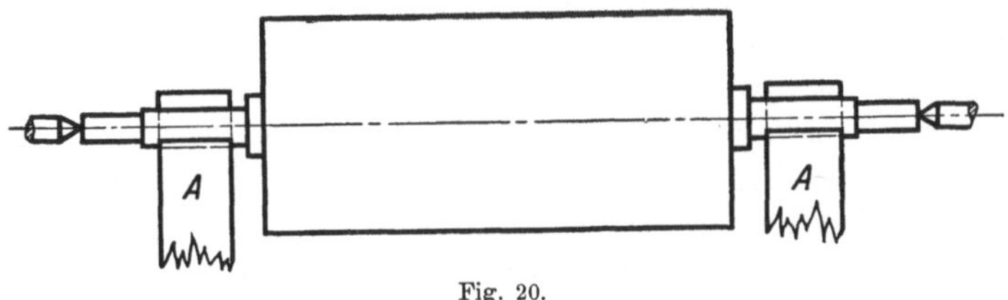

Fig. 20.

Ratterzeichen kommen auch leicht vor, wenn Daumen oder ähnliche Körper geschliffen werden. Durch das langsame Rotieren dieser Art Arbeit ist man manchmal imstande, die Marken zu beseitigen; aber besser ist es, solche Stücke wie auf der Drehbank auszubalanzieren und zu versteifen, wo es angängig ist.

Ob die Arbeiten zwischen toten oder sich drehenden Spitzen gehalten werden, nie darf man vergessen, daß das Stück selbst ausbalanziert werden muß und nicht die Mitnehmerscheibe der Maschine.

Das Abziehen des Schleifrades mit einem stumpfen Diamanten kann auch der Grund für Ratterzeichen sein. Wenn der Diamant stumpf ist, kann er immer noch das Korn entfernen, aber läßt das Rad mit einer schlagenden Oberfläche, und dies überträgt sich auf die Arbeit. Es ist also unbedingt notwendig, daß das Diamant-Werkzeug im guten Zustand gehalten wird.

Einige Ursachen für das Rattern kann man durch das Auswechseln der Schleif-Scheibe mit einer feineren oder dichteren, oder mit einer härteren beseitigen, gleichwohl ist es selbstverständlich, daß dieses Hilfsmittel nur, um eine saubere Fertigbearbeitung zu erzielen, angewendet wird. Bei dem Fertigschleifen mit einer groben Scheibe kommen doch Fälle vor, bei welchen ihr grobes Schneiden Erschütterungen hervorruft, welche nur durch die genannten Mittel beseitigt werden können.

Wo Ratterzeichen durch Vibration der Arbeit entstanden sind, nehmen sie die Form von langen parallelen Linien oder Ebenen über die ganze Länge des Stückes an. Solche Ratterzeichen sind gewöhnlich bei kurzen steifen Stücken zu finden, und sie entstehen im allgemeinen durch die Nichtanwendung von Lünetten oder durch die Anwendung schlechter Lünetten. Wenn man beachtet, daß die Spitzen beim Schleifen von steifen Stücken die schwächsten Stellen sind, so wird hierdurch die Stellung der Lünetten gegeben; z. B. beim Schleifen eines runden Arbeitsstückes von 76 × 500 mm sollen die Spitzen oder die schwächsten Stellen durch Brillen an beiden Enden verstärkt werden und nicht nur in der Mitte.

Die angegebenen Ursachen für das Rattern führen von selbst zu ihren Beseitigungsmitteln, aber sie umfassen die gesamten Erscheinungen nicht; sehr selten ist ihr Vorkommen unerklärlich. Wenn man sicher ist, daß alle Maßregeln zur Beseitigung dieser Markierungen getroffen sind, wird eine kleine Änderung der Arbeitsgeschwindigkeit dies gewöhnlich entfernen, oder die Heilung kann in dem Wechseln des Schleifrades liegen. Wenn eine Scheibe zu hart oder zu stumpf geworden ist, kann das Rattern sehr leicht entstehen, und es kommt besonders bei der Bearbeitung von Gußeisen vor; in dem letzten Fall dient das Abdrehen des Rades als eine gute Abhülfe. Der Schleifer muß immer daran denken, daß die Güte des Erzeugnisses seiner Maschine mit dem Zustand, in welchem sie gehalten wird, im Zusammenhang steht, und eine systematische Erhaltung der Genauigkeit der Maschine sowie der Werkzeuge ist für erfolgreiches Schleifen eine Notwendigkeit.

Sechstes Kapitel.

Vorbereitung der Arbeit für die Schleifmaschine.

Die Materialmenge, welche durch Schleifen entfernt werden muß, ist in erster Linie von der Art der verwendeten Maschine abhängig, und wenn diese von leichter Bauart ist, muß die Schleifzugabe so klein als möglich sein, und das Vorschruppen muß von gelernten Arbeitern gemacht werden.

Das ist die teuerste Schleifmethode, weil, abgesehen von den höheren Lohnkosten für die vorhergehende Bearbeitung, für das Schleifen mit dünnen Scheiben und langsamen Vorschüben viel mehr Zeit als unter anderen Umständen nötig ist. Wo Maschinen wie sie in einem vorhergehenden Kapitel vorgeschlagen wurden, in Betrieb sind, wird das Schleifen selbst viel schneller besorgt, und die Kostenfrage für das Vorschruppen ist eine Frage der Organisation. Ein rationelles Schleifverfahren erlaubt uns, dem Schrupper eine größere Toleranz zu geben, und so seine Ausbringung zu vermehren, oder aber wir können eine billige Arbeitskraft beschäftigen. Mit den heutigen Resultaten, welche durch die Anwendung der Schnelldrehstähle erzielt werden, wäre es falsch zu behaupten, daß das Schleifrad jenen im Abnehmen von Material überlegen ist; aber die Behauptung ist berechtigt, daß das Schleifrad in Berücksichtigung der erzielten besseren Ergebnisse vorzuziehen ist, sobald eine begrenzte Materialmenge zu entfernen ist. Augenblicklich besteht die offene Frage, ob Schnelldrehstähle für die Fertigbearbeitung sich gut eignen, aber wo diese mit Erfolg angewendet werden, kann die erzeugte Fertigbearbeitung in bezug auf Genauigkeit überhaupt nicht mit geschliffener Arbeit verglichen werden, und wir können getrost behaupten, daß, wo gute Arbeit nötig ist, wir unsere Zuflucht zum Schleifen nehmen müssen. Dies zugegeben, können wir zunächst überlegen, welche Umstände hinzukommen, die ein billiges Bearbeiten des Gegenstandes bestimmen. Übermäßige Zugaben für das Schleifen bedeuten größere Kosten für die Scheibe; kleine Zugaben verursachen größere Kosten der Arbeitskraft für das Vorschruppen und die Gefahr, daß man nachher für die fertigen Maße nicht mit dem Material auskommt. Deshalb sind die meisten Fragen abhängig von der Geschicklichkeit des Arbeiters, die zur Vorbereitung des Arbeitsstückes verwendet wurde, und ferner von der Toleranz, bis zu welcher ein Schleifer noch mit Sicherheit arbeiten kann. Wenn wir 0,4 bis 0,7 mm als allgemeine Zugabe bei kräftigen und schnellen Maschinen nehmen, werden wir ungefähr die Mitte zwischen den niedrigsten Schmirgel-Kosten und der aufgewendeten Vorarbeit halten. Letztere müßte als sehr schlecht bezeichnet werden, wenn man mit diesen Zugaben nicht sicher auskommt. Einige Abweichungen von der vorgeschlagenen Toleranz werden manchmal aus Sicherheitsgründen notwendig sein, besonders für gehärtete Stücke von besonderer Gestalt, aber die Menge des hier zulässigen muß man in solchen Fällen nach der Erfahrung bestimmen.

Lange zylindrische Stücke bis zu einem Durchmesser von ungefähr 50 mm werden billiger aus den rohen schwarzen Stangen geschliffen; und auch über diese Größe hinaus ist dies billiger als Drehen mit nachfolgendem Schleifen, wenn die Stangen gerade sind und die abzunehmende Menge nicht mehr als 2 mm beträgt.

Wir können ein Beispiel zur Erläuterung angeben: eine schwarze Stange 52 × 3050 mm wurde in einer halben Stunde auf einer modernen Maschine auf 50,4 mm vorgeschliffen, und in $1^1/_4$ Stunde von einem Mann mit einiger Erfahrung fertig geschliffen. Dieselbe Stange, wenn sie vorher auf 50,5 mm gedreht würde, würde wahrscheinlich die gleiche oder eine längere Zeit in Anspruch nehmen, und der Grund dafür wird nicht schwer zu finden sein.

In dem ersten Fall kann der Machinist seine Arbeit mit Zuversicht anfangen, weil er weiß, daß die tiefsten Schnitte, welche er nimmt, zu keinem Ausschuß führen werden; und während er die Hauptmenge des Materials abnimmt, macht er die nötigen Einstellungen, und vernachlässigt alle die kleinen Vorsichtsmaßregeln, welche notwendig aber ziemlich unvermeidlich sind, wenn eine vorhergehende Bearbeitung stattgefunden hat. Wenn andererseits das Stück vorher gedreht wurde, weiß er, daß dieses Drehen Ansätze und Biegungen hervorgerufen hat; und diese Unregelmäßigkeiten (obwohl versteckt durch das vor dem Schleifen nötige

Geraderichten) können sich jeden Augenblick wieder zeigen. Daher ist die Tiefe seiner Schnitte so begrenzt, daß die nötige Vorsicht zu einem Zeitaufwand führt, welcher besser durch den Ersatz der Drehbank durch die Schleifmaschine vermieden werden kann.

Die Schleiferei und die anderen Maschinenabteilungen müssen miteinander in Zusammenhang wirken, damit die Arbeit so vorbereitet wird, daß sie für die Spann-Vorrichtungen beim Schleifen und Drehen geeignet ist, und dies bezieht sich hauptsächlich auf zylindrische Arbeiten, besonders wenn die Teile auf der Revolver-Drehbank hergestellt wurden. Z. B. sollen Büchsen, welche außen geschliffen werden, eine Bohrung nach Lehre erhalten, damit die Büchsen auf die Dorne des Schleifers passen.

Es ist falsch einen Teil der Arbeit auf der Drehbank und den anderen Teil auf der Schleifmaschine fertig herzustellen. Fehler inbezug auf die Mittelachsen kommen dadurch zustande, und die Abweichungen zwischen den Teilen geben der Arbeit ein Aussehen von Nachlässigkeit. Dies ist manchmal zu entschuldigen, wo das Schleifen, wie bei den leichten Maschinenarten, teuer ist, aber mit richtig konstruierten Maschinen ist es viel billiger, die Arbeitsstücke ganz zu schleifen, wenn auch nur, um dieselben sauber zu machen, und es wird auch ein besseres Resultat dadurch erzielt werden.

In der Vorbereitung von Konusarbeiten für das Schleifen kommen oft Fehler vor, welche durch Mangel an Überlegung entstanden sind, und manchmal zu einem unglücklichen Ausgang führen. Arbeiten, welche im Einsatz gehärtet wurden, bekommen oft so viel Material für das Schleifen zugegeben (durch Mangel an Überlegung), daß die ganze gehärtete Fläche abgeschliffen wird, bevor die richtigen Maße erreicht werden, und trotzdem wird eine einfache Rechnung diese Schleifzugabe schnell bestimmen. Fig. 21 ist ein konischer Spindelzapfen, und der Kaliberring muß

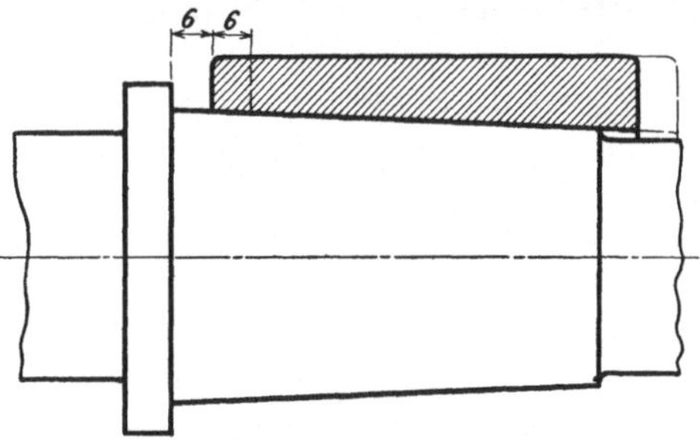

Fig. 21.

so weit wie gezeigt auf den Zapfen passen, wenn derselbe fertig ist. Die Steigung des Konus ist 1:12 und 0,5 mm ist nötig als Zugabe für das Schleifen; nun ist 1 : 0,5 = 2, und die Höhe, bis zu welcher der Kaliberring auf den Zapfen beim Drehen passen muß, soll 12 : 2 = 6 mm sein. Addiert man diese zu der in der Skizze gezeigten Höhe, so ergibt 6 + 6 = 12 mm. Nach der Erfahrung des Verfassers betrachten die meisten Dreher alle Konen so, als ob sie sich für dieselbe Schleifzugabe eignen, und sie passen ihre Kaliberringe auf den Zapfen ohne Beachtung der Steigung des Konus. Das ist natürlich ein grober Fehler und könnte verhindert werden, wenn die Zugabe in der Zeichnung deutlich angegeben wird.

Dasselbe gilt für die Fälle, bei welchen besondere Schleifzugaben für das Verziehen beim Härten oder für die Tiefe der Härte gemacht werden müssen, und nachdem diese Zugaben durch die Erfahrung bestimmt sind, können die richtigen Maße in der

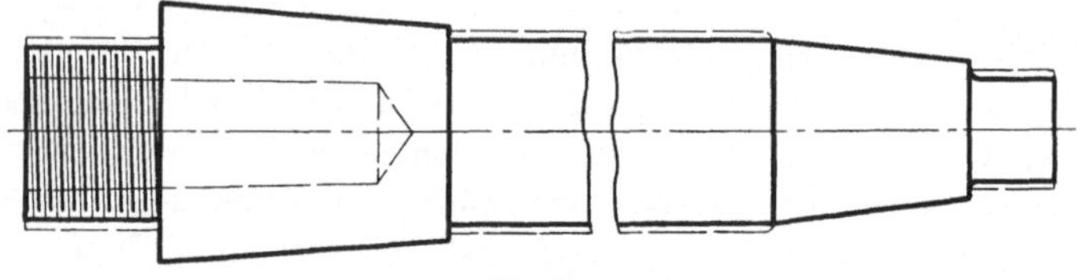

Fig. 22.

Zeichnung eingetragen werden. Einige dieser Fälle hängen direkt von der Herstellung ab, und wir können ein Beispiel dafür geben.

Fig. 22 zeigt eine Spindel, welche nur an ihren Konuszapfen gehärtet sein soll; an dem vorderen Ende muß nach dem Härten ein Gewinde geschnitten und auch ein Loch gebohrt werden. Wenn wir die Spindel mit einer Zugabe von nur 0,5 mm drehten, würde sie sich nachher so verziehen, daß man mit dem Material nicht mehr auskäme, und das vordere Ende würde auch nicht für das Gewindeschneiden und Bohren weich genug sein. Wenn wir aber, wie durch die punktierten Linien gezeigt wird, vor dem Einsetzen eine größere Zugabe geben und nur die Zapfen mit Schleifzugabe drehen, so können wir die Spindel in der Mitte und an den Endzapfen bis auf das weiche Material abschleifen; danach können wir bohren, das Gewinde schneiden und fertigschleifen[1]).

[1]) Ein beliebtes und wie dem Übersetzer scheint praktischeres Verfahren ist es, die Stellen, welche weich bleiben sollen, beim Einsetzen mit einer Lehmschicht zu belegen.

Die Vorbereitung von gehärteten Arbeitsstücken für das Schleifen bedarf vorsichtiger Überlegung; nichts ist unangenehmer als ein Stück, auf welches viel Zeit angewendet worden ist, nach dem Härten als unbrauchbar für seinen bestimmten Zweck zu finden. Arbeitsstücke können so gebogen oder verzogen sein, daß sie gerade gerichtet werden müssen, und dann besteht noch immer die Gefahr, daß sie, nachdem also noch mehr Zeit für ihre Fertigbearbeitung aufgewendet worden ist, ihre alte gebogene Gestalt wieder annehmen; trotzdem kommen solche Fälle oft vor und zwar nur aus Mangel an Vorsicht bei der Vorbereitung. Es ist natürlich unmöglich, vorher zu sehen, was überhaupt beim Härten geschehen wird, aber viel Verdruß kann durch systematisches Ausglühen vermieden werden. Ein Stahlstück, wie es vom Walzen oder Schmieden kommt, kann immer verborgene Innenspannungen, welche nur durch das Wiedererhitzen beseitigt werden können, enthalten. Wenn ein Arbeitsstück aus einer Stahlstange hergestellt wird, soll es zuerst zentriert und dann so genau wie möglich gerade gerichtet werden. Dies ist notwendig, weil die Oberflächenschicht der Stange in rohem Zustand kohlenstoffarm ist. Das Richten soll nicht im kalten Zustand ausgeführt werden, da dies nur Gegenspannungen auf den gegenüberliegenden Seiten erzeugt, und weil diese Spannungen nachgeben und das Verziehen beim Härten veranlassen können. Nachdem eine Stange aber hell rot erhitzt worden ist, kann sie gerade gerichtet werden, und dann soll ein Schnitt über das Ganze abgenommen werden, um die Oberflächenschicht zu entfernen; sie soll jetzt vorsichtig ausgeglüht werden, und wenn die Stange dann einigermaßen gerade ist, kann man sie bis zur Schleifzugabe bearbeiten. Ist sie andererseits sehr krumm geworden, muß man das Ausglühen wiederholen, nachdem sie wieder heiß gerade gerichtet wurde. Der Zweck des Ausglühens ist hier der, sicher zu sein, daß alle Spannungen, welche durch das Walzen der Stange entstanden sind, entfernt werden. Bis dies geschehen ist, ist es nicht ratsam, mit der Bearbeitung weiter fortzufahren. Der Grund für unsere Bemühung, die Stange ganz genau zu richten, ist eben der, eine gleichartige Oberfläche zu erhalten.

In einem früheren Kapitel haben wir auf die Notwendigkeit der Herstellung aller Nuten vor dem Schleifen hingewiesen, und abgesehen von der Frage des Verziehens und der Beschädigungen, welche beim Transportieren entstehen können, ist dieser Punkt ein neues Beispiel für die durch Schleifen erzielbaren Vorteile. Wir können Arbeitsstücke, an denen Nuten vorhanden sind, auf einer Drehbank nicht mehr bearbeiten, sodaß die Nuten nach dem Drehen gefräst werden müssen. Diese letzte Operation verzieht das Stück etwas; es wird nicht sauber laufen ohne gerade gerichtet zu werden, und das bedeutet manchmal Verderben des Stückes und beansprucht auf jeden Fall besondere Sorge und Zeit seitens des Arbeiters. Außerdem muß der Grat der Nut mit einer Feile entfernt werden; was die Arbeit entstellt und Geld für Feile und Zeit kostet. Wenn wir andererseits die Teile durch Schleifen fertig bearbeiten, können wir alle diese Operationen vorher ausführen, und das Verziehen durch das Fräsen der Nuten beträgt selten mehr als die Materialmenge, welche für das Schleifen zugegeben wurde. Dadurch ersparen wir das Richten, die Feilen und die Zeit an jedem Stück und bekommen auch viel bessere Resultate. Das Verziehen durch das Fräsen der Nuten ist natürlich durch die Störung der Spannungen an beiden Seiten des Stückes hervorgerufen — eine Störung, die durch das Herausschneiden eines Teils des Metalles entsteht; die Krümmung entsteht immer auf der Seite gegenüber der Nut.

Mit Bezug auf die Keilnuten muß der Schleifer besondere Vorsicht üben, wenn der Keil bereits eingesetzt ist. Denn wenn er an den Enden sehr fest sitzt, so wird er das Stück gerade nach der entgegengesetzten Seite verbiegen als oben vorgeschrieben wurde.

Wo Ansätze mit scharfen Ecken vorkommen, müssen die Ecken ein wenig tiefer eingestochen werden als das fertige Maß, oder sie müssen nach dem Schleifen auf der Drehbank sauber gedreht werden. Es ist besser, um Beschädigungen der fertigen Arbeit zu vermeiden, die Schleifoperation zuletzt auszuführen. Auch für Innenschleifen, wenn die Löcher nicht durchgehen oder wenn die Löcher Ansätze haben, gilt die eben erwähnte Regel. Wenn die Ecken kleine Hohlkehlen haben, kann das Rad seine Gestalt behalten, und man kann die Hohlkehle vor dem Schleifen fertig machen. Ist der Radius aber groß, wird es vorteilhafter sein, denselben auf der Drehbank nachträglich herzustellen.

Wenn wir dem Schleifrad eine starke Kantenrundung geben müssen, wird das Diamant-Werkzeug gefährdet, und wir müssen bei dem späteren Geradedrehen des Schleifrades zuviel Material verschwenden. Gehärtete und spezielle Arbeit können eine Ausnahme zu dieser Regel bilden; gewöhnlich aber machen sich bei solchen Arbeiten die Kosten für die Anschaffung von Spezialscheiben, und die Zeit für das Wechseln derselben bezahlt. Wo solche Fälle vorkommen, muß der Radius zuerst sorgfältig gedreht werden, und man darf so wenig Material als möglich für das Fertigschleifen zugeben, damit das Rad seine Gestalt nicht verliert.

Wo große Radien genau hergestellt werden müssen und das Stück nicht gehärtet wurde, kann man sich helfen durch die Anbringung einer Klapp-Vorrichtung, welche die Radien, nachdem die zylindrischen Teile geschliffen worden sind, an der Schleifmaschine fertig bearbeitet. Dieses Verfahren hat den Vorteil, die Zeit des Transports schwerer Stücke, wie z. B. Eisenbahnachsen, nach der Drehbank zu sparen, und es vermindert die Möglichkeit der Beschädigung.

Um den Schleifer so viel als möglich zu entlasten, ist es bei Massenfabrikation anzuempfehlen, für eine Gleichmäßigkeit der Schleifzugabe zu sorgen; diese Gleichmäßigkeit wird dem Schleifer viel Zeit beim Nachmessen ersparen und ihm die Bestimmung der Abnutzung der Scheibe und ihrer Nachstellung während der Arbeit ermöglichen.

Ebenso werden ihn gleichmäßige Längenzugaben der Notwendigkeit entheben, Anschläge und Dorne für jedes Stück besonders zu stellen. Er wird imstande sein rationeller zu arbeiten, ohne befürchten zu müssen, daß die Scheibe gegen die Kante anstößt, das Arbeitsstück beschädigt und den Schleifer gefährdet. Diese beiden Gesichtspunkte haben Zusammenhang mit den gebräuchlichsten Herstellungsmethoden, die in ähnlicher Weise durch die Anwendung von Vorrichtungen, welche die genannten Bedürfnisse bis zu einer bestimmten Grenze leicht erfüllen, sehr vereinfacht werden.

Bei der Vorbereitung zylindrischer Arbeit für Schleifen oder Drehen müssen die Zentrierlöcher zuerst in Betracht gezogen werden, da die Genauigkeit der Arbeit von diesen Zentrierlöchern abhängig ist. Es ist ein grober Fehler, daß in der Werkstatt dem Zentrierloch öfters wenig Aufmerksamkeit geschenkt wird, und daß viele Leute, welche gute Arbeit verlangen, diesen wichtigen Punkt mit Gleichgültigkeit betrachten. Das Einschlagen der

Enden mit dem Spitzkörner wird noch immer oft benutzt und steht auf gleicher Höhe als die abscheulichen Prismaspitzen. Werden diese Methoden benutzt, so fallen die Winkel selten gleichmäßig aus, weil sie trotz vorhandener Lehren vom Arbeiter abhängig sind. Es kostet nicht mehr gute Zentrierlöcher herzustellen als schlechte, und wenn richtige Werkzeuge benutzt werden, kosten sie sogar weniger. Diese Werkzeuge sollen richtige, im Werkzeuglager aufbewahrte und kontrollierte Zentrierbohrer (Fig. 23) sein. Das genaue Abstechen der Enden des Arbeitsstückes nach dem Bohren wird auch oft vernachlässigt, obwohl diese Vernachlässigung schwer verständlich ist; wenn dies nicht ausgeführt wird, so kann man auch die Herstellung runder und genauer Arbeit nicht verlangen.

Die Schleifmaschine ist keine Maschine, welche zur Verdrängung anderer Maschinen führt; vielmehr vergrößert sie die Ausnutzungsmöglichkeit anderer Maschinen, oder im schlimmsten Fall führt sie zu einer Änderung der Konstruktion derselben. Die Schleif-

Fig. 23. Zentrierbohrer.

maschine hat die Drehbank in vielen Punkten übertroffen, aber sie hat auch die Veranlassung gegeben, die Schrupp-Drehbank und RevolverDrehbank brauchbarer und zweckentsprechender zu machen. Die erstere, weil die Schleifmaschine die geschruppte Arbeit, welche weniger Zeit in Anspruch nimmt als das früher der Fall war, direkt fertig bearbeitet. Wenn die Oberfläche mit einem groben Vorschub geschruppt wurde, oder die Form unrund ist, so wird die Schleifmaschine diese Fehler viel schneller und besser beseitigen als es durch irgend ein anderes bekanntes Verfahren möglich ist, wenn Genauigkeit verlangt wird. Wo die Schleifmaschine in Zusammenhang mit der Revolver-Drehbank benutzt wird, hat sie die Brauchbarkeit dieser wertvollen Maschine entwickelt, und hat Anlaß zu ihrer Vervollkommnung gegeben, welche für diejenigen, die sie eingeführt haben, ohne Zweifel vorteilhaft ist.

Viele Stücke können aus rohen schwarzen Stangen durch die Revolver-Drehbank vorteilhaft so vorgearbeitet werden, daß die Absätze an den Enden mit genügender Schleifzugabe vorgedreht sind. Hierfür einige Beispiele in der Fig. 24. Wenn Gewinde geschnitten werden müssen, kann das nach dem Schleifen auf der Drehbank ausgeführt werden, und die durch die Schleif-

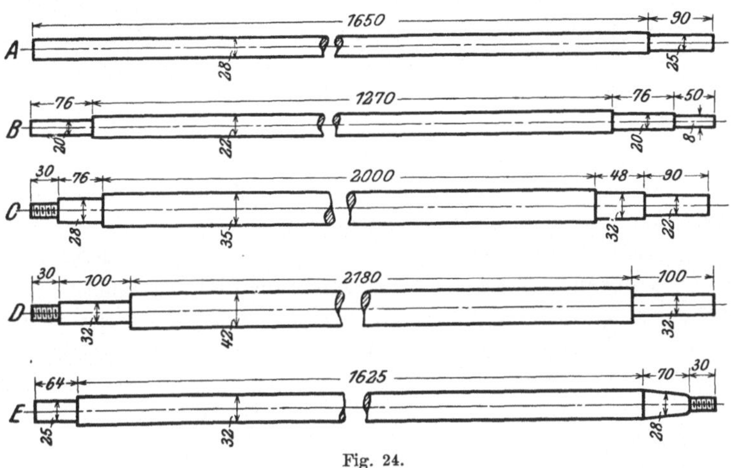

Fig. 24.

A. Stahlstange, aus dem Rohen ganz geschliffen aus 30 mm Material in 58 Minuten.

B. Stahlstange, aus dem Rohen ganz geschliffen aus 24 mm Material in 50 Minuten.

(A. und B.: Größter Fehler im Durchmesser 0,01 mm.)

C. Material 38 mm; schwarze Stahlstange; die Enden wurden auf der Revolver-Drehbank in 16 Minuten geschruppt, und nachher ganz geschliffen zu einer Toleranz von 0,01 mm in 82 Minuten.
Gesamtzeit 98 Minuten.

D. Material 44 mm; schwarze Stahlstange; die Enden wurden auf der Revolver-Drehbank in 18 Minuten geschruppt, und nachher ganz geschliffen mit einer Toleranz von 0,025 mm in 70 Minuten.
Gesamtzeit 88 Minuten.

E. Material 34 mm; schwarze Stahlstange; die Enden wurden auf der Revolver-Drehbank in 14 Minuten geschruppt, und nachher mit einer Toleranz von 0,025 mm in 62 Minuten ganz geschliffen.
Gesamtzeit 76 Minuten.

scheibe entstandenen runden Ecken können hinterher, wenn nötig, herausgestochen werden.

Die Zugabe beim Planschleifen kann im allgemeinen geringer sein als für Rundschleifen, und wo keine Wasserzufuhr vorhanden ist, ist das sogar Bedingung. Für gehärtete Arbeit ist die Erfahrung der einzige Führer. Steht für das Planschleifen keine Magnetspannvorrichtung zur Verfügung, so ist es besser, wenn die Gestalt der Stücke sich dafür eignet, sie in langen Streifen zu bearbeiten und nachher auf Größe abzuschneiden. Bohren, Stoßen und sonstige Operationen müssen vor dem Schleifen ausgeführt werden; das Schleifen muß die letzte Operation sein. Mit einer gut konstruierten Planschleifmaschine kann die Fräsmaschine in ähnlicher Weise ausgenutzt werden, wie es für die Drehbank beschrieben wurde. Unter Umständen können sauber gegossene oder geschmiedete Arbeitsstücke direkt aus dem Rohen geschliffen werden. Einfache Leisten sind ein Beispiel für letzteren Fall, ebenso leichte im Gesenk geschmiedete Stücke oder leichte Gußteile, soweit ihre Gestalt sich dafür eignet. Alle Flächen von Guß- oder anderen Teilen, welche des Aussehens wegen blank abgezogen werden müssen, sind am besten auf der Schleifmaschine herzustellen, und das Resultat ist eine schöne gleichmäßige Oberfläche, welche für den Verkauf nicht ohne Einfluß ist.

Für Gußeisen endlich darf die Schleifzugabe nicht zu groß sein, weil wir durch die Eigenschaften des Materials gezwungen sind, Scheiben mit weichem Bindemittel zu nehmen, und wird eine überflüssige Verschwendung des Schleifrades eintreten, wenn man dies nicht beobachtet. Glücklicherweise federt Gußeisen bei der Bearbeitung nicht so wie Stahl, weshalb wir beim Vordrehen näher bis auf das fertige Maß heruntergehen können. Gußeisen reißt auch nicht bei der Bearbeitung, und hinterläßt nur sehr schwache Schleifmarken. Daher ist es notwendig, daß die Herstellung der kleinen Zugaben bei der Vorbereitung für das Schleifen von einer besseren Arbeitskraft ausgeführt werden muß, und die Beurteilung dessen, was für ein vorteilhaftes Arbeiten nötig ist, erfordert tüchtigere Dreher. Es ist besonders günstig, poröses Gußeisen zu schleifen, weil das Schleifen die Poren zu schließen scheint und dadurch die Arbeit beim Fertigschliff erheblich an Ansehen gewinnt.

Kupfer, Messing und andere Metallegierungen sollen auch nur kleine Schleifzugaben haben. Die Späne haben heute immer mehr Wert, und vorläufig gibt es kein vorteilhaftes Verfahren, dieselben von dem Schleifschlamm zu trennen, während es leicht ist, sie von der Drehbank oder den anderen Maschinen, welche zum Vorarbeiten benutzt wurden, zu sammeln.

Der Schleifer soll seine Arbeit schon geradegerichtet bekommen, damit er nicht veranlaßt oder gezwungen wird, seine Maschine für solchen Zweck zu benutzen, oder damit Verzögerungen durch das Warten auf die Arbeit vermieden wird. Alle gehärteten Stücke sollten mindestens zweimal geschliffen werden, um die durch das Härten entstandenen Spannungen zu beseitigen und um die untere Haut vor dem Fertigschleifen auf Härte zu prüfen.

Verbesserte Verfahren für die Vorbereitung der Arbeit werden am besten zur Geltung kommen, wenn alle Abteilungen richtig zusammenarbeiten, und die Kostenverminderung durch Schleifen macht sich lediglich geltend im Aussehen und der Genauigkeit der Einzelteile und der fertiggebauten Erzeugnisse.

Siebentes Kapitel.

Einfaches zylindrisches Schleifen.

Abgesehen von Spezialmaschinen gibt es zwei Arten von Rund-Schleifmaschinen: die einfache und die Universalmaschine. Die einfache Maschine (Fig. 25) besteht aus zwei Spitzenhaltern mit toten Spitzen, welche auf einem drehbaren Tisch montiert sind: die Schleifradspindel liegt mit ihren Achsen parallel zu diesen Spitzen und ist auf einen Schlitten aufgesetzt, welcher eine senkrechte Querbewegung zu den Achsen hat. Das Ende des Drehtisches ist mit einer Skala versehen, um einen Konus von irgend einer Steigung innerhalb gewisser Grenzen schleifen zu können. Der Längsvorschub der Schmirgelscheibe kann entweder durch die Anbringung desselben auf einem beweglichen Schlitten erzielt werden oder die Scheibe kann stillstehen und der Arbeitstisch für die Längsbewegung eingerichtet werden. Die Konstruktion der stillstehenden Scheibe ist aus vielen Gründen vorzuziehen, besonders weil der Arbeiter nur an einer Stelle zu stehen braucht, und eine Kontrolle über alle Mechanismen hat; außerdem hat er immer die Schmirgelscheibe gerade vor sich, und dadurch kann er sehen, was geschieht und ist eher imstande Fehler zu vermeiden. Wenn der Schleifsupport stillsteht, sind die Fehler durch den auftretenden Riemenzug geringer, und da der sich bewegende Arbeitstisch eines sehr langen Bettes bedarf, so behalten die Führungen ihre Genauigkeit länger. Die Universalmaschine (s. Fig. 33) muß alle Details der einfachen Maschine in ihrer Konstruktion enthalten und außerdem für eine größere Menge anders gearteter Arbeiten anwendbar sein. Der Spindelstock ist dazu drehbar auf einer Platte angeordnet und mit drehbarer Spindel ausgerüstet, an welcher Spannfutter oder Vorrichtungen für das Festhalten der Arbeit angebracht werden können, wenn die Stücke innen geschliffen werden sollen, oder wenn sie zwischen den Spitzen nicht befestigt werden können. Für das Arbeiten zwischen toten Spitzen kann die Spindel festgestellt werden, und der Antrieb des Arbeitsstückes erfolgt alsdann durch die abgekuppelte Riemenscheibe. Der Schleifradschlitten ist auf seiner Grundplatte ebenfalls drehbar und in jedem Winkel zu den Spitzen einstellbar, damit Konen, welche über die Drehmöglichkeit des Tisches hinausgehen, geschliffen werden können.

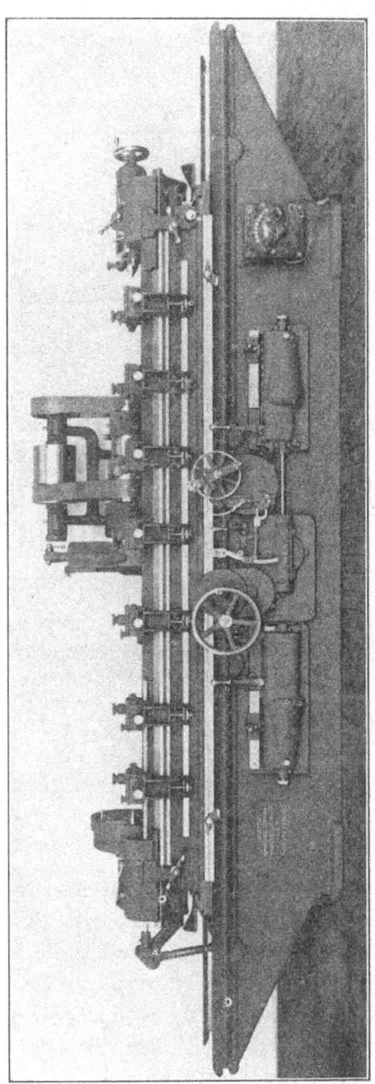

Fig. 25. Schwere Rundschleifmaschine.

In den wenigen Beispielen, welche wir über das Schleifen mit der einfachen Maschine bringen, wird große Wichtigkeit auf den Vorteil des schnellen seitlichen Vorschubes der Scheibe gelegt, da aber einige Maschinen für den in diesem Buche empfohlenen Vorschub nicht eingerichtet sind, so werden in diesem Falle die besten Resultate durch die Benutzung der schnellsten erreichbaren Tischvorschübe bei der betreffenden Maschine erzielt. Wir haben Lünette und Stützen in einem anderen Kapitel behandelt, aber es sei noch einmal bemerkt, daß federnde Lünetten nur für leichte Arbeit brauchbar sind. Für schweres Schleifen oder wo tiefe und schnelle Schnitte genommen werden, sind alle Vorsichtsmaßregeln zu treffen, um Vibrationen zu vermeiden, und feste Brillen sind unbedingt nötig.

Aus denselben Gründen müssen lange Spitzen vermieden werden, und die Drehdorne und Mitnehmer müssen ebenfalls so steif als möglich sein. Mit Rücksicht auf den Antrieb wird es oft von Vorteil sein, etwaige Abweichungen von den gebräuchlichen Antriebsmethoden zu machen: bei völlig zylindrischen Stücken kann man z. B. ein Loch an einem Ende bohren und das betreffende Stück mit einem besonderen Stift treiben. Der dadurch erzielte

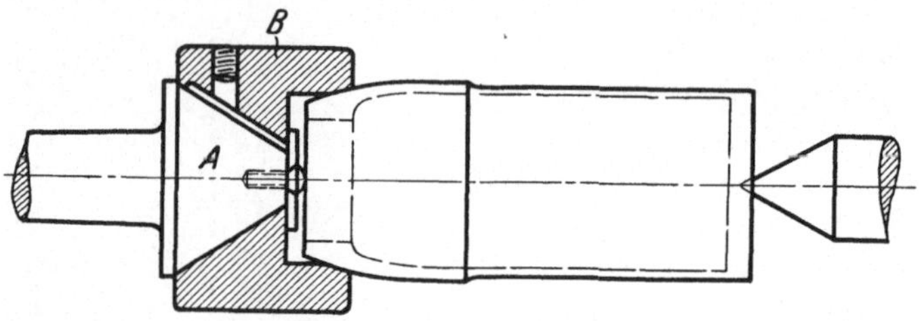

Fig. 26. Spezial-Mitnehmer.

Vorteil ist, daß das Stück in einer Operation, ohne es herumzudrehen, fertigbearbeitet werden kann. Bei Stücken, deren Gestalt sich dazu eignet, können, um Zeit zu sparen, spezielle Vorrichtungen für den Antrieb hergestellt werden.

Fig. 26 zeigt ein Verfahren, welches der Verfasser für das Antreiben einer großen Zahl Granaten beim Schleifen angewendet hat. A ist eine spezielle Stahlspitze und B ist eine gußeiserne

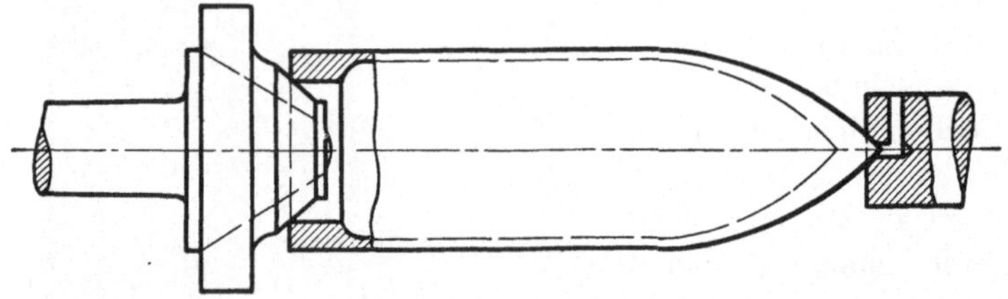

Fig. 27. Spezial-Mitnehmer.

Kappe, welche passend für die Spitze und Granate gebohrt und in der richtigen Lage durch eine Stellscheibe gehalten wird. Die Spitze bewegt sich nicht, aber die Kappe wird durch ein Drehherz mitgenommen; die Granaten werden ein- und ausgespannt, ohne die Maschine anzuhalten, wodurch viel Zeit gespart wird. Ein ähnliches Verfahren, wie Fig. 27 zeigt, wurde für den Antrieb einer anderen Granatenart verwendet. Dieselbe Spitze aber mit harter

Stahlkappe und einem hohen Konus wurde für den Antrieb benutzt, und das andere Ende der Granate wurde in einer Hohlspitze gestützt.

Wenn das Schleifen auf einer Universalschleifmaschine ausgeführt wird, können diese Treibvorrichtungen auf das Spindelgewinde geschraubt und die Spindel angetrieben werden. Für das Treiben von kleinen Stücken, wie Bolzen usw. genügt oftmals schon die Reibung. Ein Stück, dessen Gestalt für ein solches Antriebsverfahren sich eignet, ist z. B. ein Rollenlager, dessen Enden ein wenig konisch gedreht werden, und deren Bolzen an den Ecken ein wenig abgerundet sein können. Dieses Herstellungsverfahren ist nur für die Massenfabrikation und dort, wo die Zeit drängt, zu empfehlen; ein kleiner Vorteil liegt darin, daß nur ein Ende zentriert zu werden braucht, wenn diese Stücke auf der Revolver-Drehbank hergestellt werden. Die Reibung, welche von dem Druck der Spitze des Reitstocks herstammt, ist zum Antrieb genügend.

Die richtige Schleifscheibe für den Gebrauch in jedem einzelnen Fall kann hier nicht vorgeschlagen werden, weil die Fabrikanten in ihren Gradierungsmethoden nicht übereinstimmen, während sie sich in der Bezeichnung der Mittelräder sehr nahe kommen, und wenn wir uns auf die Angaben auf S. 12 beziehen, so werden wir eine Basis haben, von wo aus wir anfangen können. Wir wählten ein M-Rad für weichen Stahl bis 76 mm Durchmesser, und wir zeigten auch, daß Scheiben von grober Körnung vorzuziehen sind, deshalb nahmen wir für Härtegrad M ein 36-Korn. und würden dies als Norm annehmen. Weiche Stahlröhren bilden eine Ausnahme, da eine 36 M.-Scheibe die Arbeit höchstwahrscheinlich verbrennen würde, weshalb wir dafür ein 36 L-Rad wählen müssen. Für kohlenstoffreichen Stahl oder Gußeisen, für irgend ein Material mit härterer Oberfläche oder mit größerem Durchmesser würden wir dementsprechend ein weicheres Schleifrad benutzen. Um Irrtümer zu vermeiden, empfehlen wir dieselbe Körnung für jeden Härtegrad eines Rades beizubehalten, und nur davon abzuweichen, wo es unbedingt nötig ist; dies kann bei sehr harten Oberflächen vorkommen, wie z. B. Hartguß, wo wir zwar mit einer groben Scheibe mit Erfolg vorschleifen aber nicht mit derselben Scheibe fertigschleifen können. Der Grund dafür ist, wie wir schon erwähnt haben, daß die Fläche der Schleifkörner, nachdem die Spitzen sich abgenutzt haben, zu groß wird, um in die Arbeit einzudringen, und wir müssen deshalb eine Scheibe von feinerer Körnung verwenden.

Eine empfehlenswerte Unterscheidung ist nötig für die Wahl des vorteilhaftesten Schleifrades für harte Flächen: für das Schruppen ist ein grobes Rad rationeller, weil man einen tieferen Schnitt nehmen kann, aber die Abnutzung ist stärker als bei einem feineren Rade. Wo keine übermäßige Materialmenge entfernt zu werden braucht, ist es ratsamer eine feinere Scheibe ganz und gar zu benutzen, aber man muß vorsichtig sein, daß der Druck des Schnittes nicht so groß wird, daß die Arbeit dadurch brennt oder sich färbt; dies kommt leicht vor bei der Anwendung eines feinen Rades, weil das Wasser die Schleifstelle schwer erreichen kann.

Die Kennzeichen für ein zu hartes oder zu grobes Schleifrad sind folgende: Wenn die Scheibe mit Spänen verstopft wird und das Arbeitsstück mit einem metallischen Klang arbeitet, oder wenn bei einer ordentlichen Wasserzufuhr die Scheibe die Arbeit färbt, ist sie zu hart. Wenn die Scheibe aber für einige Zeit gut schneidet und dann ohne besonderen Druck nicht mehr schneiden will, ist sie zu grob. In dem letzten Fall macht sich gewöhnlich ein rumpelndes Geräusch bemerkbar, welches durch das Herausreißen der stumpfen Schleifkörner aus dem Rade verursacht wird, während das Rad wieder anfängt grob zu schneiden. Die Scheibe ist ungenau und wird sich jetzt aber gerade abnutzen und der ganze Vorgang wird sich wiederholen. Wenn solche Vorgänge eintreten, darf man nicht annehmen, daß die Scheibe immer ausgewechselt werden muß, weil obiges fast immer eintritt, wenn hartes Material mit einem groben Schleifrade geschruppt wird. Wir wollen hier nur zeigen, daß ein solches Rad für das Schlichten, wenn eine große Fläche bearbeitet wird, sich nicht gut eignet, obwohl es beim Schruppen das Material schneller abnehmen würde als ein feineres Rad.

Dasselbe rumpelnde Geräusch kann man oft bei einem richtig gewählten Rade bemerken, wenn große Durchmesser geschliffen werden. Hier entstehen die Schwierigkeiten durch das Ausfallen der stumpfen Körner, die sich zwischen Scheibe und Stück einkeilen oder durch übermäßige Erschütterung an den Spitzen. Dann kann das Geräusch durch das Nehmen leichterer

Schnitte oder durch die Anbringung mehrerer Lünetten beseitigt werden.

Eine zu weiche Scheibe macht sich bemerkbar durch ihre schnelle Abnutzung, sowie auch durch die rauhe Oberfläche, welche sie auf der Arbeit hinterläßt. Die Scheibe bleibt eben immer scharf, weil die Körner zu leicht weggerissen werden, wodurch immer scharfe Teile zum Angriff kommen. Mit einem solchen Rad ist es unmöglich, eine saubere Fertigbearbeitung zu erzielen, ohne daß man zu einer ganz langsamen Geschwindigkeit greift.

Die Schwierigkeit der Erteilung von Ratschlägen für jeden einzelnen Fall wird nach obigen Ausführungen wohl anerkannt werden, da die Arbeitsmethoden für jedes Beispiel von der Maschinenart und anderen Umständen abhängig sind.

Wir werden versuchen jedes gegebene Beispiel so lehrreich wie möglich zu machen und hoffen, daß das, was oben schon gesagt worden ist, hierbei dem Leser behilflich sein wird.

Um es für den Anfänger klarer zu machen, wollen wir mit Beispielen von einfachen runden Arbeiten anfangen. Dann soll die Darstellung von Verfahren und Vorsichtsmaßregeln folgen, die ratsam erscheinen, wenn die Beispiele sich verwickelter gestalten.

Das, was über den Gebrauch des Wassers schon gesagt worden ist, sollte seine Vorteile klar machen, und es sei bemerkt, daß alle hier gegebenen Beispiele mit starker Wasserzufuhr geschliffen wurden.

Als erstes Beispiel wollen wir eine kurze steife Welle, 38 × 305 mm, nehmen, welche zur Normalgröße ganz geschliffen werden muß und welche saubere Fertigbearbeitung haben soll. Zuerst würde man das roh gedrehte Stück nachmessen und nachsehen, daß die Zentrierlöcher in gutem Zustand sind. Wenn nur ein Stück zu schleifen und wenig Material zu entfernen ist, so können wir von Lünetten absehen und nur leichte Schnitte nehmen, und über das Stück mit dem schnellsten anwendbaren Vorschub hinüberschleifen. Es ist schon erwähnt worden, daß die Scheibe ganz genau laufend gedreht werden muß, und wir können annehmen, daß dies schon geschehen ist, bevor wir das Stück zu schleifen anfingen. Es wurde schon auf die Tatsache aufmerksam gemacht, daß hohe Geschwindigkeit des Werkstückes das Korn aus dem Schleifrade herausreißt und dieses dadurch rauh macht, und ebenso, daß die Radschneidfläche genau und glatt sein muß und die Geschwindigkeit des Werkstückes langsam, um gute Oberflächen zu erhalten. Deshalb sollen wir in diesem Fall vorsichtig sein und unsere Scheibe durch hohe Stück-Geschwindigkeit nicht rauh machen und lieber während der ganzen Operation Schlichtschnitte nehmen. Das erwähnte Verfahren bezieht sich auf Arbeiten, welche wir auf den leichten Maschinenarten auszuführen gezwungen sind; aber wenn wir eine Anzahl Stücke zu schleifen haben, würden wir dennoch Lünetten anbringen und die Stücke bis auf 0,04 mm des fertigen Maßes vorschleifen. Nachdem wir das Rad genau abgezogen haben, würden wir mit dem Fertigschleifen anfangen. Wir werden hierdurch einige Zeit gewinnen, weil wir beim Schruppen den Zustand des Rades nicht zu berücksichtigen brauchen, und weil wir kräftigere Schnitte nehmen können. Da die Benutzung einer leichten Maschine schon als die teurere für das Schleifen erwähnt worden ist, weil sie so langsam ist und Zeit und Kosten bei der richtigen Vorbereitung der Arbeit benötigt, so werden wir auf diese Maschine nicht wieder zurückkommen, denn dieses eine Beispiel umfaßt alle anderen über einfache zylindrische Arbeit.

Das gewählte Stück mit der stärkeren und vorteilhafteren Maschine sei nun zu schleifen, um ein Beispiel für die ökonomische Seite hinsichtlich der Abnutzung des Schleifrades zu geben, und was hieraus gelernt wird, kann man für alle anderen Beispiele benutzen. Wir wollen annehmen, daß dieses Werkstück entweder eine rohe schwarze, glatt abgestochene und zentrierte Stange oder eine auf der Drehbank grob geschruppte mit ungefähr 0,7 mm Zugabe versehene Materialstange ist.

Wenn wir keine Erfahrung besitzen, die uns bezüglich der Geschwindigkeit des Arbeitstückes und der Abnutzung des Schleifrades leiten kann, so sollen wir die Arbeit mit einer Geschwindigkeit von ca. 6,5 m pro Minute laufen lassen und den schnellsten Seitenvorschub benutzen. Durch Beobachtung werden wir sehen, ob die Linien dieses Vorschubs eine größere Steigung als die Breite des Rades haben; wenn das der Fall wäre und das Rad eine unberührte Stelle zwischen den Vorschublinien hinterläßt, wie Fig. 28 zeigt, so müssen wir den Seitenvorschub solange vermindern, bis keine unbestrichene Stelle von dem Rade hinterlassen wird.

Andererseits, wenn die Vorschublinien (bei dem schnellsten Vorschub) eine Steigung zeigen, welche nur einen Bruchteil der Breite der Scheibe beträgt, so müssen wir die Geschwindigkeit des Werkstückes vermindern, bis die Steigung ein wenig kleiner als die Breite der Scheibe wird. Jetzt dürfen wir sagen, daß wir die beste Kombination zwischen Geschwindigkeit des Stückes und Seitenvorschub des Tisches haben, und nun wollen wir uns wieder auf die Tatsachen beziehen, welche die Abnutzung des Schleifrades betreffen, nämlich:

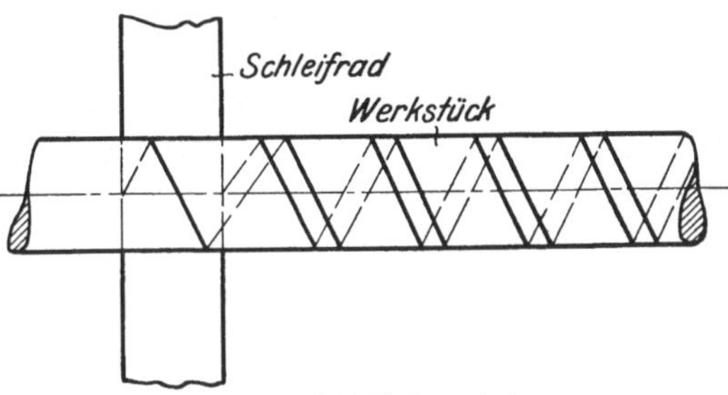

Fig. 28. Schleifradvorschub.

1. Je höher die Geschwindigkeit des Werkstückes, desto größer die Abnutzung der Scheibe.
2. Je größer die Vibration, desto größer die Abnutzung der Scheibe.
3. Je tiefer der Schnitt, desto größer die Abnutzung der Scheibe.

Der erste dieser Sätze wurde schon in einem Beispiel berücksichtigt. Der zweite wurde in einem anderen Kapitel behandelt und darauf hingewiesen, daß wir Vorsichtsmaßregeln treffen sollen, um die Erschütterungen durch Brillen zu vermindern.

Da wir rationell schleifen wollen, müssen wir Lünetten ohne Federn benutzen und so zwischen Arbeit und Tisch klemmen, daß die Arbeit dem Schleifrade Widerstand leisten kann.

Nachdem wir das Schleifrad einigemal über die Arbeit, bis sie ganz rund ist, laufen ließen, können wir die selbsttätige Anstellung für das Rad einrücken, um bei jedem Hub eine Schnittiefe von ungefähr 0,05 mm zu nehmen und die Maschine auf eine bestimmte Zugabe für das Schlichten einzustellen, welches Maß 0,05 mm über das fertige sein kann. Wenn die Scheibe fast aufgehört hat, Funken zu geben, sollen wir das Werkstück messen und daraus sofort sehen, um wieviel die Scheibe sich abgenutzt hat. Z. B.: die Arbeit läuft genau und das Schleifrad funkt wenig, und beim Messen finden wir, daß wir 0,5 mm Material vom Durchmesser zu entfernen haben. Die selbsttätige Querbewegung ist eingestellt, um 0,025 mm bei jedem Hub abzunehmen. Wenn wir die Arbeit nach dem Ausrücken des Selbstganges und nach dem funkenlosen Auslauf wieder messen; und nur 0,4 mm Abnahme im Durchmesser finden, so wissen wir, daß die Scheibe sich um 0,1 mm abgenutzt hat.

Wenn wir die Abnutzung des Rades vermindern wollen, müssen wir das Stück fertig vorschleifen, und bei dem nächsten Stück können wir die 0,05 mm Zugabe auf 0,04 vermindern und wie vorher fortfahren, und wenn nötig, diesen Vorgang mit verkleinerter Zugabe wiederholen. Die hier angegebenen Zahlen dürfen nicht als Normen, nach denen man arbeiten soll, angenommen werden, aber sie sind eine Kombination, welche der Verfasser für gut hält, wenn gute Schleifräder benutzt werden für weichen Stahl 36 M; in diesem Fall wird das Rad nicht mehr als 0,015 mm bei dem Herunterschleifen von 0,5 mm Material sich abnutzen.

Diese kleinen Versuche nehmen nur einige Sekunden in Anspruch, und sie lohnen sich bei der Massenfabrikation. Wenn man sich die Arbeit macht, diese Versuche aufzuschreiben, so kann man eine Tabelle der ökonomischsten Zustände zusammenstellen und sie für Nachschläge zur Hand haben. Dies spart die Mühe der Wiederholung solcher Versuche oder macht sie ganz überflüssig, wo sie schwer auszuführen sind.

Nachdem die beste Arbeitskombination gefunden worden ist, soll man beim Vorschleifen mit der Benutzung der selbsttätigen Einstellung fortfahren und soll alle Werkstücke bis auf 0,04 bis 0,05 mm des fertigen Durchmessers schruppen. Wenn die Scheibe sich so weit abgenutzt hat, daß das letzte Stück die maximale Zugabe ergibt, soll man, um sicher zu sein, daß das nächste Stück die minimale Zugabe bekommt, die Scheibe tief genug einstellen und in dieser Weise weiter fortfahren, wenn die Scheibe sich wieder abnutzt. Man muß darauf achten, daß der Druck der Lünetten bei der Annäherung an das bestimmte Maß vermindert wird, damit der Durchmesser nicht zu klein wird. Nachdem alle Stücke vorgeschliffen sind, soll man das Rad vorsichtig abziehen und fertigzuschleifen anfangen. Für dieses Verfahren muß man erst die Geschwindigkeit der Arbeit und den Seitenvorschub des Tisches vermindern und die selbsttätige Querbewegung des Rades auf das Minimum einstellen. Diese Einstellung soll nie höher als 0,006 mm bei jedem Hub sein. Wenn man dafür sorgt, daß beim Schleifen die Funkengarbe für jedes Stück gleich gehalten wird, so soll man mit einem 50 mm breiten Rade mindestens 30 solcher Stücke (38 × 305), mit einer Abnutzung desselben von nicht mehr als 0,006 mm, fertigschleifen können.

Beim Schleifen eines langen kräftigen Stückes 100 × 1800 mm soll man dieselben Vorsichtsmaßregeln benutzen, und so viel Lünetten unter die Arbeit bringen, wie man unterbringen kann. Wir müssen sie mit allmählichem Druck anstellen, bis die Scheibe die ganze Fläche schneidet, und zwar sollen wir besonders darauf achten, daß der Druck an den Stellen, wo die Arbeit gebogen oder nicht rund ist, nicht zu stark wird. Nachdem die hohen Stellen weggeschliffen worden sind und die Stücke genau laufen, müssen wir den Druck der Lünetten in vertikaler Richtung vergrößern, und während des Schleifens müssen wir durch das Stellen der Lünetten die Abnutzung derselben ausgleichen und die Parallelität der Arbeit kontrollieren. Wenn das Schruppen fertig ist, können wir mit dem Schlichten anfangen, wie bei dem letzten Beispiel, obwohl wir wahrscheinlich die selbsttätige Einstellung des Schleifrades nicht benutzen werden, sondern dasselbe mit der Hand stellen. Nachdem wir sicher sind, daß die Maschine an beiden Enden genau schleift, müssen wir uns, in den beiden Fällen, auf unsere Beurteilung der Einstellung der Lünetten verlassen, um genau zylindrische Arbeit zu erzielen.

Wenn in die Arbeit Keilnuten geschnitten sind, sollen wir dieselben mit Holz ausfüttern und darauf achten, daß die Lünettenbacke eine breitere Anlagefläche als die Breite der Nute hat. S. Fig. 19. Für Wellen mit Keilnuten ist es immer besser zu schruppen und, ohne das Stück abzuspannen, zu schlichten; weil, wenn wir die Arbeit zuerst schruppen und dann eine Zeitlang liegen lassen, das Holz beim Trocknen sich etwas zusammen ziehen wird; und da es dann unter der Oberfläche liegt, kann das Stück beim Fertigschleifen leicht unrund werden.

Für unser nächstes Beispiel wollen wir eine lange biegsame Welle 25 × 1820 mm nehmen. Bei einer solchen Welle hängt viel von der Gestalt und von der Stellung der benutzten Lünetten ab. Wir müssen soviel Lünetten als möglich benutzen (Fig. 29), und zur Erläuterung wollen wir, wie Fig. 30 zeigt, sieben Stück annehmen. Wir haben schon vorher bemerkt, daß es nötig ist solche Werkstücke in Spannung zu bringen, und um dies auszuführen, wollen wir zuerst die mittlere Lünette A so heben, daß

Fig. 29. Arbeitsweise der Rundschleifmaschine. Stützung durch Lünetten.

die Welle eben so hoch über die Mittelachse emporsteht, als sie nach unten federn würde, wenn sie nicht unterstützt wäre: dann heben wir BB, bis sie die Welle gerade berühren, danach CC und schließlich DD. Die Lünetten sollen natürlich in gleicher Entfernung voneinander eingestellt werden und sollen, wie schon

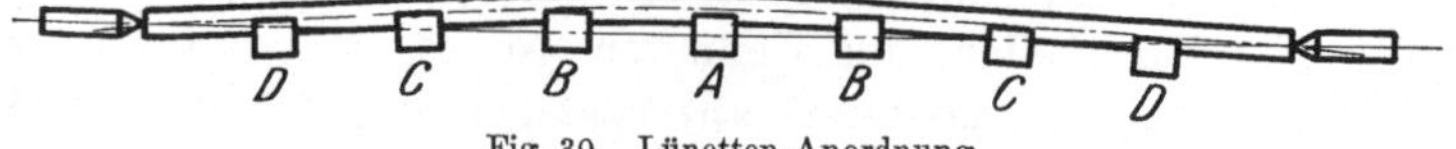

Fig. 30. Lünetten-Anordnung.

erwähnt wurde, von solcher Gestalt sein, daß sie der Welle helfen, eine genaue zylindrische Form anzunehmen. Da diese Form durch Drehung zwischen den Spitzen entsteht, sollen wir DD so nahe wie möglich an diese stellen, damit die Rundheit, welche durch das Schleifverfahren erzielt wird, von DD auf CC usw. übertragen wird, während der Prozeß fortschreitet. Bevor wir zu schleifen anfangen, müssen wir sicher sein, daß durch die horizontale Einstellung der Lünetten die Mitte der Welle nicht gegen die Scheibe gepreßt wird. Wenn wir beim Schleifen merken, daß das Rad gegen die Mitte zu schwerere Schnitte nimmt, müssen wir die Welle mittels der Lünetten noch höher über die Spitzen stellen und dabei beachten, daß jede Lünette einen gleichen Druck ausübt, damit die Welle einen Bogen bildet. Daraus wird man erkennen, daß das Schleifen in solchen Fällen von der Handhabung der Lünetten abhängig ist. Obwohl diese zuerst schwierig erscheinen wird, werden einige Stunden Übung den Schleifer darin erfahren machen. Beim Schleifen von dünnen Wellen nach diesem Verfahren ist es besser, wie schon vorgeschlagen, die Wellen aus den rohen schwarzen Stangen herzustellen, welche natürlich gerade sein müssen. Längere Krümmungen kommen nicht so sehr in Betracht, weil die Lünetten sie unter Führung halten, aber kurze Knicke sollen vorher geradegerichtet

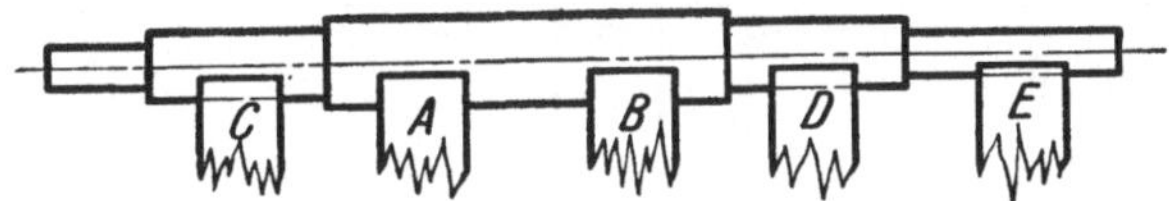

Fig. 31. Lünetten-Anordnung.

werden, oder der Schleifer wird viel Zeit durch das Abschleifen der hohen Stellen verlieren.

Der Seitenvorschub des Rades soll so groß als irgend möglich sein, und man muß aufpassen, daß die Tiefe der Schnitte gleichmäßig wird; ein starker Wasserstrom soll immer benutzt werden, damit das Schleifrad nicht hitzt, und dadurch die Welle verzieht. Wo die Wellen an ihren Enden abgesetzt sind, wie in Fig. 24 A bis E an einigen Beispielen gezeigt wird, müssen wir zuerst den mittleren Teil vorschleifen, dann die Ansätze vor- und fertigschleifen, und schließlich den mittleren Teil fertigschleifen. Dadurch können die Lünetten die Oberfläche nicht verderben, wenn etwa Staub oder Schmirgelkörner zwischen Lünetten und Arbeitsstück gekommen sind.

Wenn wir eine Welle mit zwei oder mehr Durchmessern wie Fig. 31 zu schleifen haben, werden wir sofort die Notwendigkeit des Vorschleifens des ganzen Werkstückes und der Vorsichtsmaßregeln bei Benutzung der Lünetten erkennen. Wir wollen annehmen, daß die Welle grob vorgedreht worden ist, und daß sie weder rund noch genau ist, so daß, wenn wir alle Lünetten beim Schleifen einer Stelle fest ansetzen, diese Stelle, nachdem die Lünetten losgelassen sind, ungenau und unrund sein wird. Bei diesem Stück wollen wir zu Anfang alle Lünetten lose haben, und an dem kurzen Ende einen Mitnehmer befestigen. Wenn wir an dem großen Teil zu schleifen anfangen, müssen wir, während dieser Teil gerade und rund wird, die Lünetten AB allmählich an die Arbeit festdrücken. Ist dieser Teil vorgeschliffen, müssen wir die Lünetten fest lassen, und mit den anderen drei Teilen in ähnlicher Weise verfahren. Nach dem Vorschleifen werden wir E und D fertigbearbeiten und die Welle herumdrehen: wir werden dann das kleine Ende vor- und fertigschleifen, dann C und zum Schluß den großen Durchmesser fertig herstellen, um zu verhindern, daß sich die Lünette markiert.

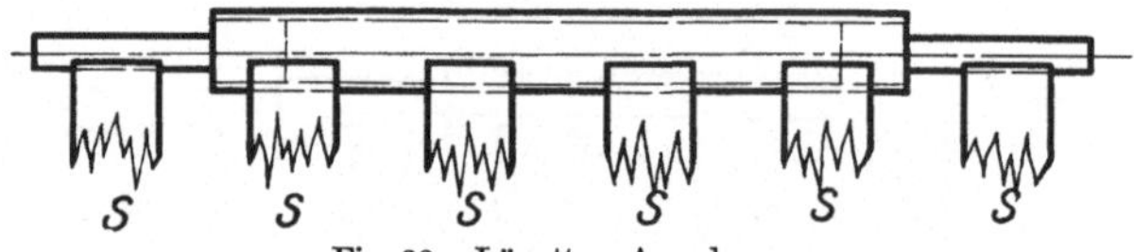

Fig. 32. Lünetten-Anordnung.

Die besonderen Vorsichtsmaßregeln für das Schleifen von röhrenartigen Werkstücken wurden schon in einem anderen Kapitel besprochen, aber wir wollen ein Beispiel geben, um einen anderen Punkt klar zu machen.

Fig. 32 zeigt ein Stahlrohr mit eingeschlagenen Putzen in den Enden, welche nur grob gedreht werden. Das Rohr wurde schwarz gelassen, weil es billiger ist, es ganz zu schleifen und nicht vorher zu drehen. Wir müssen zunächst die Zapfen und dann das Rohr vorschleifen, da bei der letzteren Arbeit das Rohr sich jedenfalls etwas verziehen und diese Ungenauigkeit auf die Zapfen übertragen wird. Wir müssen deshalb vor dem Fertigschleifen des Rohres die Zapfen fertigschleifen. Hierbei wird der Druck der Lünetten insofern von Einfluß sein, als ein zu großer Druck ein ungenaues Stück ergeben wird. Man wird erkennen, daß Arbeiten dieser Art vorsichtiger Beobachtung bedürfen, und ein zweites Vorschleifen des Ganzen manchmal notwendig sein kann.

Beim Schleifen von Konen können wir die Mikrometer-Einstellung mit Vorteil benutzen und viel Zeit gegenüber dem Ausprobieren mit der Konushülse sparen. Bei dem Konus, Fig. 21, können wir unsere Mikrometer-Einstellung benutzen, um die abzunehmende Materialmenge zu bestimmen, wenn wir die Steigung des Konus kennen und wissen, wie weit die Konushülse heraufgehen soll. Bei der Massenfabrikation kann diese selbsttätige Einstellung in ähnlicher Weise wie bei zylindrischen Arbeitsstücken benutzt werden. Es wird natürlich notwendig sein, Versuche mit dem ersten Stück auszuführen, bis wir den richtigen Konus bekommen haben, und die Maschine so einstellen, daß der genannte Konus beständig bleibt.

Die Reitstockspindel einer Schleifmaschine ist meistens mit einer Feder versehen. Diese Feder dient dazu, die selbsttätige Einstellung der Spitzen zu ermöglichen, wenn das Arbeitsstück durch die Wärme sich dehnt. Die Spindel darf dann aber nie beim Schleifprozeß festgebremst werden, weil die Feder dann nicht funktionieren kann, und die Arbeit beim Wiederabkühlen auf den Spitzen lose sitzen würde.

Das Feststellen dieser Spindel ist ein häufiger Fehler, und führt öfters zu Ratterzeichen. Ein Schleifer, welcher vorher an einer Drehbank gearbeitet hat, wird diesen Fehler öfter begehen.

Wenn das Arbeitsstück schwer ist, muß die Reitstockspindel so weit zurückgeschraubt werden, bis die Feder ganz gespannt ist, sonst wird die Gefahr vorhanden sein, daß das schwere Werkstück die Spitzen zurückschiebt und so von den Spitzen herunterfallen kann. Hat das Arbeitsstück einen großen Durchmesser, so ist die Berührungsfläche mit dem Schleifrade größer, die Notwendigkeit einer starken Wasserzufuhr wird auch vergrößert. Werden die Funken beim Schleifen eines großen Durchmessers ungleichmäßig, so sucht der Schleifer an den Spitzen den Grund dieser Fehler, obwohl der wirkliche Fehler an der mangelhaften Wasserzufuhr liegt. Eine breite Düse soll an der Mündung des Rohrs so befestigt werden, daß das Wasser gleichmäßig über die Schneidfläche der Scheibe verteilt wird; wenn eine oder die beiden Ecken der Scheibe trocken schneiden, kann die fertige Fläche durch unangenehme Vorschublinien beeinträchtigt werden.

Die Notwendigkeit gute Zentrierlöcher zu haben ist schon besprochen worden, und die Spitzen selbst sind von gleicher Wichtigkeit. Da sie nicht rotieren, können sie sich oval abnutzen, und um ihren guten Zustand zu behalten, müssen sie öfters genau nachgeschliffen werden.

Einmal in der Woche soll Zeit für diese Vorsichtsmaßregeln erübrigt werden, und gleichzeitig sollen die Spitzen auf Härte untersucht werden. Wenn schwere Werkstücke geschliffen werden, tritt öfters an den Spitzen das „Fressen“ auf. Ein wenig rote Bleimennige mit dem Schmieröl gemischt, wird viel dazu beitragen, dieses Übel zu beseitigen. Talg oder andere harte Schmiermittel soll man nicht benutzen; zu oft enthalten sie oder ziehen sie fremde Stoffe wie Staub usw. an sich, welche die Arbeit unrund werden lassen. Bei Werkstücken mit mehreren Durchmessern ist es ratsam so viel Teile als möglich in einer Aufspannung fertig zu bearbeiten. Dies bezieht sich hauptsächlich auf Maschinenspindeln oder irgend solche Stücke, welche Zapfen haben, die miteinander ganz genau laufen müssen. Dieser Rat verdient deshalb Beachtung, weil, trotz noch so vieler Mühen, die Gefahr immer vorhanden ist, daß die Zentrierlöcher beim Herumdrehen der Arbeit beschädigt und beschmutzt werden.

Achtes Kapitel.

Der Universalspindelstock.

Unter dieser Überschrift sollen einige Operationen näher beschrieben werden, welche auf der Universal-Schleifmaschine (Fig. 33) ausgeführt werden, und welche im Schleifen von Arbeitsstücken

Fig. 33. Universal-Rundschleifmaschine.

bestehen, die in Futtern und Vorrichtungen gehalten werden. Das Bishergesagte bezieht sich auf Universalrund- und Planschleif-Maschinen für die daselbst angegebene Arbeitsweise. Mit dem Universalspindelstock läßt sich dasselbe Prinzip: — grober Vorschub und breite Radschneidfläche — beibehalten, wenn die Arbeit gut unterstützt werden kann, und Maßregeln getroffen sind, um die Temperatur gleichmäßig zu halten. Die Futter und Vorrichtungen müssen leicht und doch kräftig sein. Die Arbeitsspindel muß so stark als möglich sein, um die Vibrationen zu vermindern, und sie soll durchbohrt sein, damit ein Anzugdorn, wenn nötig, benutzt werden kann.

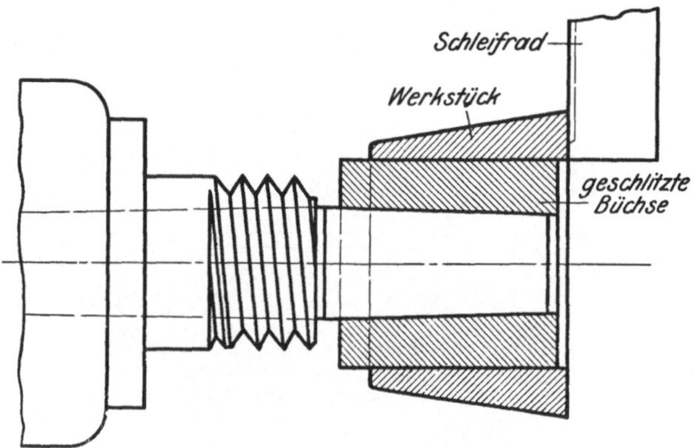

Fig. 34. Konusdorn für Ringe oder Büchsen.

Es gibt einige Einrichtungen, abgesehen von Spezialvorrichtungen, welche für die Einrichtung der Universalrundschleifmaschine nicht mitgeliefert werden, die sich jedoch als sehr nützlich bewiesen haben, so daß eine Beschreibung derselben angebracht erscheint. Fig. 34 zeigt eine einfache Einrichtung, um Ringe oder Büchsen entweder an den Enden oder der Oberfläche zu schleifen; ihr Vorteil liegt darin, daß die Arbeit schnell aufgespannt werden kann, da der Druck der Hand völlig ausreicht, um die geschlitzte Büchse soweit auf den Konus zu treiben, daß er seinerseits genügenden Druck auf das Arbeitsstück ausübt. Der Innendorn soll aus gutem Stahl, welcher ganz gehärtet wird, hergestellt werden, und man muß darauf achten, daß er sich nicht verzogen hat, nachdem die Schlitzbüchse aufgepaßt ist. Eine Abzugmutter kann auf die Spindel aufgeschraubt werden, um die

Büchsen abzudrücken, wenn sie zu fest aufgespannt sind; dies ist natürlich dem Abtreiben durch Hämmern vorzuziehen. Die Büchsen können aus Gußeisen, Bohrung und Dorne nach Normalkonen mit geringer Steigung hergestellt werden, sodaß eine Normalreibahle benutzt werden kann, damit man sicher ist, daß die Büchsen untereinander gleich ausfallen. Man muß vorsichtig sein, daß der Dorn genau läuft, wenn die Büchsen auf Größe fertiggeschliffen werden, und sie müssen schon vor dem Schleifen geschlitzt werden. Bei jeder neuen Befestigung des Dorns in der Spindel muß man darauf achten, daß der Dorn genau läuft.

In der Skizze ist die Vorrichtung mit einer aufgesteckten Konusbüchse gezeigt, bei welcher die beiden Enden und der Konus nach Lehre geschliffen werden müssen. Bei der Massenfabrikation sind zuerst die Enden zu schleifen, und dann wird durch Probieren ein Konus nach der Konushülse fertig bearbeitet, und mit dieser Einstellung der Maschine und mit Benutzung der selbsttätigen Einstellung für die Querbewegung kann man die anderen Konusbüchsen herstellen. Für diese Operation soll die geschlitzte Büchse einen Bund haben, gegen welchen das dickere Ende der Konusbüchse sich legen und stets in derselben Lage eingespannt werden kann. Die Schmirgel-Scheibe für das Schleifen der Enden soll ausgespart werden, wie durch die punktierte Linie gezeigt ist, um die Berührungsfläche zu verkleinern. Die Scheibe soll weich und grob sein. Wenn die zu schleifende Konusbüchse aus einem Material besteht, welches eine härtere Schleifscheibe nötig macht, so braucht man für jede Operation besondere Scheiben, für den Fall, daß eine größere Anzahl Stücke zu schleifen sind. Um dies deutlicher zu machen, wollen wir uns vorstellen, daß die Konusbüchsen aus weichem Stahl sind, und in diesem Fall würde eine geeignete Scheibe für das Schleifen der Konusstücke Nummer 36 M oder 36 L sein; mit diesem Rade können wir vielleicht ein oder zwei Enden bearbeiten, dann würde es verglasen und nicht mehr schneiden. Aus diesem Grunde werden wir zuerst alle Enden mit einem weicheren Rade, etwa 36 K, fertigschleifen, und dann ein härteres für den Konus benutzen. Beim Schleifen mit den Seiten muß das Schmirgelrad immer weich und porös sein, gleichviel was für Material zu schleifen ist. Zeigt das Rad die Eigenschaft zu brennen oder die Arbeit zu färben, so muß es hin und wieder mit dem Diamanten abgezogen werden. Das Schleifen mit den Flanschen eines Rades soll soviel wie möglich vermieden werden, und ist nur bei kleinen Flächen, wie die Enden von Büchsen, zu empfehlen. In vielen Fällen ist es aber nicht zu vermeiden, besonders bei harten Stücken z. B. bei der Bearbeitung von gehärteten Kanten und Bunden. Die Scheibe muß dann aber ausgespart werden, um die Berührungsfläche möglichst zu ver-

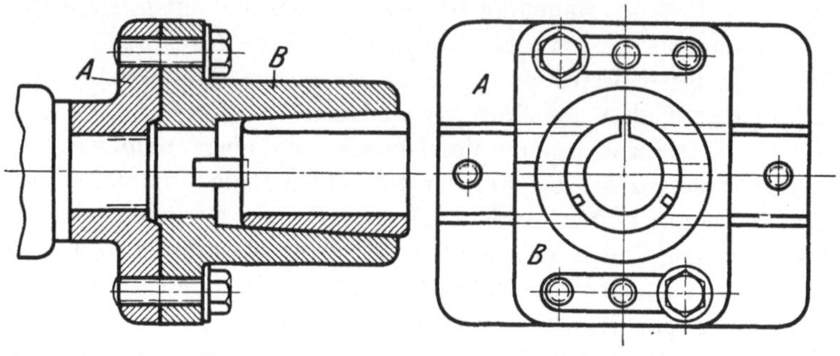

Fig. 35. Fig. 36.
Spezial-Einspannfutter.

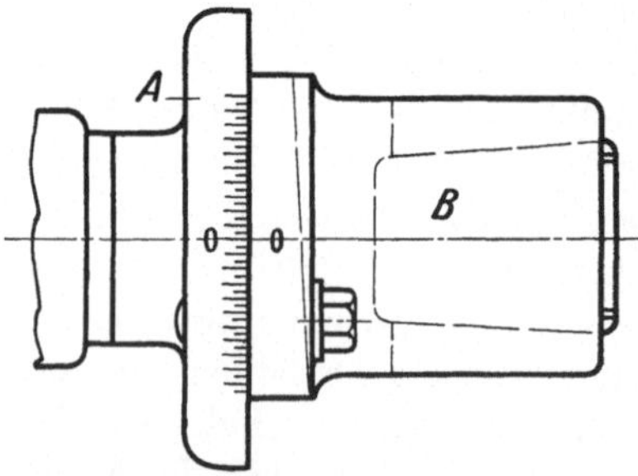

Fig. 37. Spezial-Einspannfutter.

mindern; wenn dies nicht gemacht wird, können Risse in der Arbeit entstehen. Beim Schleifen von großen Flächen ist es besser die Scheibe im rechten Winkel einzustellen, und so mittels der Querbewegung die Fläche zu bearbeiten. Die Fläche des Rades wird hier benutzt, und sie muß mit dem Diamant genau abgezogen werden; Endspiel der Radspindel darf nicht vorhanden sein.

Fig. 35 bis 37 zeigen ein Einspannfutter, welches zum Schleifen der kleinen Kurbelwelle eines Gasmotors gedient hat, aber welches auch für die Bearbeitung von Bolzenenden, Spitzen, exzentrischen Teilen usw. allgemein benutzbar ist. A ist ein vierkantiges Gußstück, welches passend für die Spindel gebohrt und gedreht ist und mit einem Prismaschlitten an der vorderen Seite versehen ist. B ist in die Führung eingepaßt und konisch gebohrt, um etwa nötige geschlitzte Büchsen oder Konushülsen aufzunehmen; die Steigung des Konus ist 1 : 24, so daß eine Schließvorrichtung nicht nötig ist. Die Teilung an der Kante hat den Zweck, das Futter beliebig exzentrisch einstellen zu können. Wenn es stark exzentrisch arbeitet, ist es ratsam, Ausgleichgewichte anzubringen, für welche die Löcher schon gebohrt sind. Für das Herausnehmen der Konushülsen wird ein weicher Ausschlagstift benutzt oder eine Stange durch die Spindel gesteckt.

Das Backenfutter ist ein unerläßliches Werkzeug für den Universalspindelstock, aber es muß mit größter Sorgfalt angewendet werden, damit es die Arbeit nicht verspannt. Dünnwandige Stücke werden besser gehalten, wenn ihre Enden an der Planscheibe angeschraubt werden und dasselbe gilt für Fräser, um das Brechen der Zähne zu vermeiden. Ein Dorn kann benutzt werden, um das Stück beim Aufspannen genau zu halten, und bei solchen Arbeiten ist es besser, daß die Flächen vor der Bohrung geschliffen werden; die Planscheibe muß ganz genau laufen.

Wir müssen nochmals auf die Notwendigkeit hinweisen, daß gehärtete Stücke zuerst vollständig übergeschruppt werden. Ringartige Stücke werden ziemlich sicher ihre Form ändern, nachdem sie außen und innen geschliffen wurden. Das einzige sichere Mittel, ungenaue Arbeit in dieser Hinsicht zu vermeiden, ist strenge Anwendung des angegebenen Prinzipes. Alle Vorrichtungen müssen so konstruiert werden, daß sie bei der Arbeit richtig ausbalanziert sind, und alle Einspannschrauben sollen auf der Planscheibe gleichmäßig verteilt werden. Drei Einspannschrauben sind immer besser als zwei, da sie das Werkstück fester halten und den Druck gleichmäßiger verteilen. Man darf keine Gelegenheit verlieren, den Reitstock zur Unterstützung der in dem Universalstock gehaltenen außengeschliffenen Arbeit zu benutzen; und wo es bequem möglich ist, wird eine Schraube welche durch die Spindel geht und das Ganze festhält, von großem Nutzen sein; sie wird dazu beitragen, jene Steifheit und Festigkeit zu erzielen, welche das Geheimnis erfolgreichen Schleifens ist.

Mit den meisten Universalmaschinen wird ein Futter für das Halten von Sägen, Fräsern und ähnlichen Werkstücken mitgeliefert. Dieses Futter besteht aus einer Platte, welche an die Spindel geschraubt wird und mit einem expandierenden Ring in der Mitte versehen ist. Der Ring wird so eingestellt, daß er die Arbeit zentrisch festhält, und wird dann mittels einer durch die Spindel gehenden Schraube gegen die Platte fest angezogen. Wo elektrische Kraft vorhanden ist, ist das Magnetfutter (s. Fig. 71) das beste für solche Stücke. Es empfiehlt sich durch die Leichtigkeit und Schnelligkeit, mit welcher die Arbeit auf- und abgespannt werden kann; es soll so konstruiert werden, daß das Wasser seiner Konstruktion nicht schadet.

Scheibenartige Stücke sollen aus schon erwähnten Gründen mit der Oberfläche des Rades und nicht mit der Seitenfläche geschliffen werden; der Universalspindelstock soll in diesen Fällen rechtwinklig herumgedreht werden, so daß die Radspindel parallel mit der zu schleifenden Fläche ist. Obwohl die Genauigkeit einer zu schleifenden Ebene durch ein Lineal untersucht werden kann, kann man auch die Funkengarbe des Schleifrades benutzen, um sich bei der Einstellung des Spindelstockes zu helfen. Wenn wir das Schleifrad mit der Hand parallel zur Mittellinie des Spindelstockes transportieren und die Funkengarbe beobachten, werden wir sofort erkennen, ob wir konkav oder konvex schleifen und können danach die Maschine einstellen. Fig. 38 zeigt ungefähr die Länge der notwendigen Querbewegung.

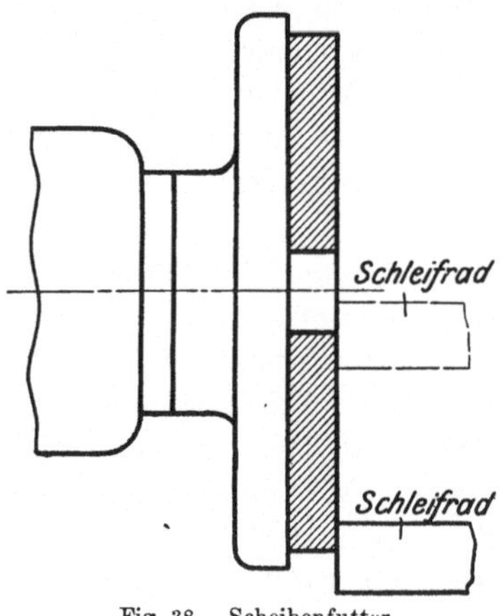

Fig. 38. Scheibenfutter.

Beim Schleifen dünner Sägen oder solcher Stücke, welche konkav sein müssen, soll man zuerst die beiden Seiten mit einer starken Wasserzufuhr vorschleifen, um die Krümmungen herauszunehmen. Alsdann soll man den Spindelstock für den nötigen Freischnitt stellen und die Werkstücke alle auf einer Seite schleifen. Wenn man sie jetzt herumdreht, um die andere Seite fertigzuschleifen, muß man mit einem genauen Lineal nachsehen, ob das Futter die fertige hohle Seite etwa so verzieht, daß sie eben auf der Platte liegt, und wenn dies der Fall ist, müssen wir den Spindelstock so einstellen, daß er doppelt soviel Freischnitt hat als vorher.

Jedesmal, wenn ein Futter oder eine Vorrichtung auf die Spindel aufgeschraubt wird, muß man immer nachsehen, ob es genau läuft; das sicherste Verfahren ist das Überziehen der Fläche mit einem Schnitt, welcher gerade noch Funken zeigt. Dies ermöglicht auch mit Sicherheit die Entfernung von kleinen Erhöhungen, welche sonst ungesehen bleiben. Die Schleifscheibe muß für diese Art Arbeit weicher sein als für zylindrische Arbeit, da die Berührungsfläche größer ist. Die Verhältnisse sind denen etwa ähnlich, welche beim Planschleifen vorkommen, und dieselben Überlegungen müssen bei der Wahl der Räder angestellt werden. Wenn das Rad im Durchmesser kleiner ist als das, welches wir für zylindrische Arbeit benutzt haben, werden wir wahrscheinlich ungefähr dieselben Verhältnisse haben, aber die Erfahrung muß uns in dieser Hinsicht führen.

Es gibt viele kurze Stücke, welche zwischen Spitzen gehalten werden, wie Ventilteller, Schraubenbolzen und solche Stücke, welche steile Konen besitzen, für die die Stellung des drehbaren Tisches nicht ausreicht, und für diese Fälle muß der Universalspindelstock in den betreffenden Winkel herumgedreht werden; der Vorschub des Rades wird dann natürlich mit der Hand ausgeführt. Obwohl diese Methode vielleicht die einzige für Stücke bis zu gewissen Längen sein mag, hat sie manche Nachteile. Die Vorschubbewegung mit der Hand ist mühsam, weil die Spindel oder die Räderübertragung nicht für langsamen Schleifradvorschub konstruiert ist. Mit der so eingerichteten Maschine hat man außer dem groben Vorschub-Mechanismus des Tisches kein Mittel, die Schnittiefe zu regulieren, und kann nur durch langsamen Handvorschub ausgeführt werden. Fig. 39 zeigt eine Vorrichtung, welche für die Massenfabrikation gehärteter Spezialbolzen konstruiert wurde, um diese Schwierigkeiten zu überwinden. Sie besteht aus einem Gehäuse, welches an einem Ende einen federnden Reitstock trägt und dessen anderes Ende an die Spindel geschraubt, und mit einer durch die Spindel gehenden Schraube befestigt ist. Das Vorderende dieser Schraube erhält eine konische Aufnahme für eine Spitze und eine zylindrische Andrehung für eine Riemenscheibe. Die Arbeitsspindel muß fest gebremst sein, wenn die Vorrichtung im Gebrauch ist, da die Bolzen zwischen toten Spitzen geschliffen werden. Es ist leicht zu ersehen, daß der Winkel nur durch das Herumdrehen des ganzen Spindelstockes zu erzielen ist; d. h.: alle die Vorzüge der selbsttätigen Einstellung und des Vorschubs sind noch erhalten und die Arbeit läßt sich sehr schnell ausführen.

Für Innenschleifapparate ist diejenige Spindellagerung die beste, deren Lager so nahe wie möglich an das Schleifrad heranreichen (Fig. 40). Alle Schleifräder sollen ganz genau laufen,

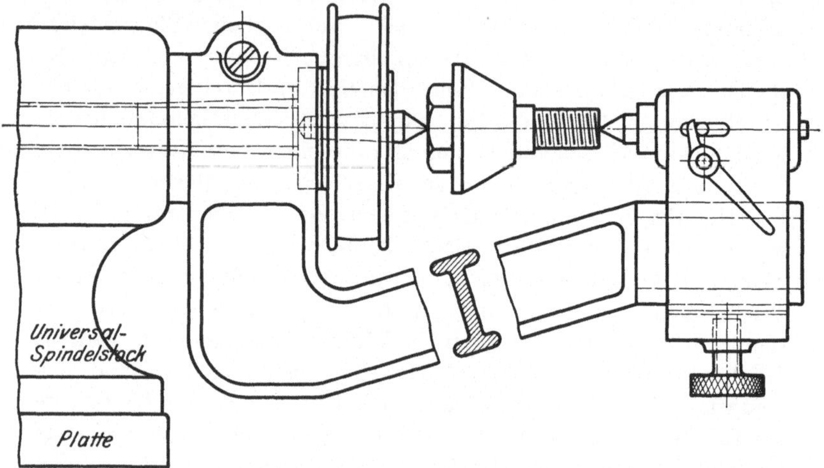

Fig. 39. Schleifvorrichtung für steile Konen.

und ebenso auch alle Vorrichtungen, welche sie hält; sonst bekommt man infolge der hohen Geschwindigkeiten Erschütterungen, die Spindel und Arbeit schädigen.

Die Scheiben für Innenschleifen müssen gewöhnlich, im Verhältnis zu dem zu schleifenden Material, weicher und gröber sein

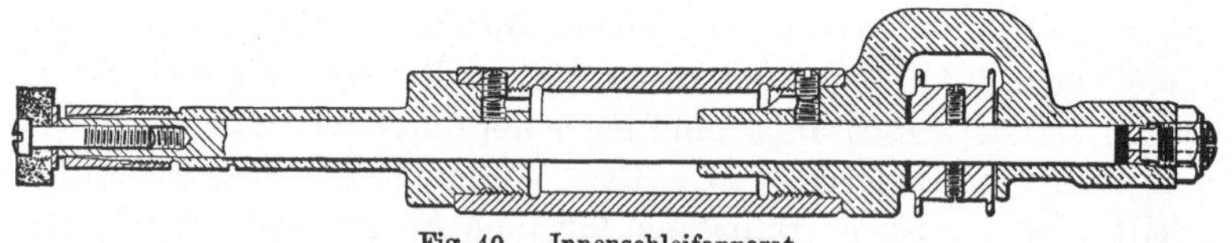

Fig. 40. Innenschleifapparat.

als für irgend einen anderen Schleifprozeß. Die Zartheit der Spindel und die große Berührungsfläche des Rades mit dem Werkstück erfordern ein Schleifrad, dessen Bindemittel leicht abbröckelt; das Korn muß grob sein, damit es leichter anfassen kann und so die Gefahr, die Arbeit zu erwärmen, vermindert.

Kleine Räder haben die Eigenschaft so zu schleifen, als ob sie von härterem Grad seien als sie bezeichnet sind, und der Grund dafür liegt in ihrem Herstellungsverfahren. Die Mischung für irgend einen Grad ist genau dieselbe für ein kleines wie für ein großes Schleifrad, aber die leichtere Masse des kleineren ist nicht schwer genug, um es die Form ausfüllen zu lassen, und muß daher eingepreßt werden; dieses Einpressen macht das Rad dichter und gibt ihm die Eigenschaft, beim Schleifen zu brennen. Scheibenfabrikanten haben noch ein Problem in dieser Hinsicht zu lösen, da beständig Beschwerden der Schleifer vorkommen, daß kleine Räder für Innenschleifen selten befriedigen und bessere Resultate durch Räder zu erzielen sind, welche aus zerbrochenen Segmenten alter Räder selbst ge-

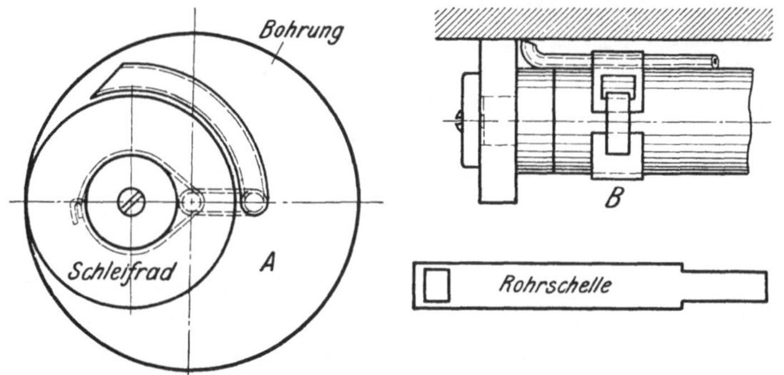

Fig. 41, 42, 43. Wasserzufuhr für Innenschleifen.

macht werden. Grobe weiche Scheiben, welche so abgenutzt sind, daß sie zu klein für den Gebrauch auf der großen Schleifspindel sind, werden in Stücke von geeigneten Größen für das Innenschleifen gebrochen. Ein Loch kann mit der Spitze einer Feile gebohrt und mittels einer alten Feile oder Schraube auf Maß erweitert werden; die äußere Seite kann ungefähr rund gefeilt und dann auf der Innenschleifspindel fertig gedreht werden. Wo es möglich ist und wo die Größe des Loches es erlaubt, soll ein Wasserstrom auf die Schleifstelle der Scheibe fließen; er kann durch ein Rohr zugeführt werden, wie Fig. 41 A zeigt. Für das Schleifen kleinerer Bohrungen, bei denen der Platz beschränkt ist, kann es wie bei Fig. 42 B ausgeführt werden. Das Wasserrohr kann an der Spindel durch kleine Metallschellen (Fig. 43) gehalten werden, welche, wie die Skizze zeigt, um das Rohr und die Spindel schnallenartig befestigt werden. An dem Ausflußende soll das Rohr schräg abgeschnitten werden, damit die von dem Rade hervorgerufene Luftbewegung das Wasser nicht stört, so daß es als voller Strom ausfließt; wäre es anders herum geschnitten, würde das Wasser nicht als voller Strahl zur Arbeitsstelle gelangen. Wenn die Arbeitsspindel mit hoher Geschwindigkeit rotiert, kann eine Schutzkappe leicht über der Spannvorrichtung angebracht werden, um das Umherschleudern des Wassers über die Maschine zu vermeiden. Der Gebrauch von Wasser ist aus vielen Gründen ratsam: Die Späne und das abgebröckelte Schleifmaterial werden dadurch besser weggewaschen, während sie sonst die Scheibe verstopfen und die Arbeit verbrennen. Die größere Berührungsfläche des Rades erzeugt viel Wärme und verhindert dadurch eine genaue Messung. Beim Messen kommt es vor, daß die Lehren durch das schnelle Zusammenziehen des Werkstückes plötzlich festsitzen, und öfter wird sich beim Freimachen derselben die Einspannung des Stücks im kritischen Moment verschieben.

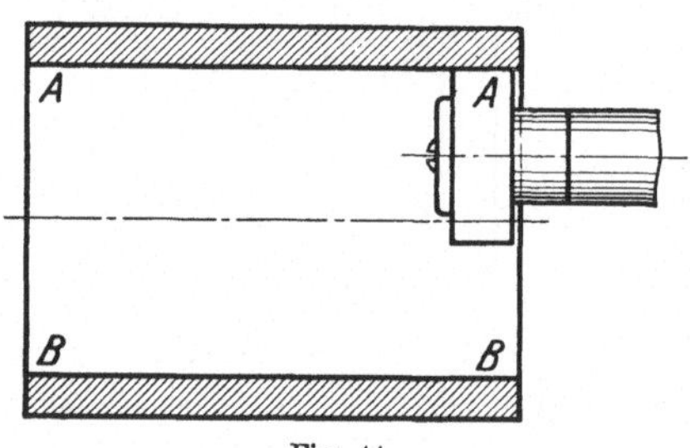

Fig. 44.

Wir brauchen kaum ein besonderes Beispiel für Innenschleifen zu beschreiben, weil wir das Innenschleifen, wenn die Eigenschaften der Schleif-Räder bekannt sind, mit dem Bohren auf der Drehbank vergleichen können. Da aber viele Schleifer keine Drehbank-Erfahrung haben, könnte doch die Erwähnung einiger Tatsachen von Vorteil sein. Beim Schleifen zylindrischer Bohrungen sind die Funken der beste Beweis für die Genauigkeit. Fig. 44 zeigt eine Bohrung, welche zylindrisch geschliffen werden soll, und welche an der Seite A A zuerst bearbeitet wird. Wenn wir das Loch auf Genauigkeit untersuchen wollen, würden wir die Scheibe auf die Seite BB bringen und sie so berühren, daß gerade Funken sichtbar werden. Wir würden dann die Scheibe mit der Hand an der Seite des Loches entlang schieben, und wenn die Funken gleichmäßig sind, so können wir sicher sein, daß die Bohrung genau zylindrisch ist. Wenn die Funken stärker werden, wissen wir, daß unsere Einstellung falsch ist, und daß wir das Loch vorn zu groß schleifen. Der Schleifer muß immer sicher sein, daß die Mittelachse der Radspindel seiner Innenschleifvorrichtung mit der seiner Arbeit vòn gleicher Höhe ist. Dies ist besonders zu beachten, wenn Konusbohrungen geschliffen werden. Wenn die Mittelachse der Radspindel mit der Arbeit nicht auf gleicher Höhe steht, wird das Rad beim weiteren Eintritt in die Bohrung stärker schneiden. Sitzt das zu schleifende Loch am Ende einer Spindel, welche mittels einer Dreibackenlünette gehalten wird, so muß der Schleifer sicher sein, daß die Schleifspindel, Arbeitsspindel und die zu bearbeitende Spindel in der Höhe alle übereinstimmen. Ein Stück steifes Papier, fest um den Teil der Arbeit gelegt, welche durch die Lünette unterstützt wird, wird das Eindringen von Schmutz verhindern und die Arbeit vor Schaden bewahren.

Fig. 45. Konus-Meßdorn.

Die allgemeine und bequemste Methode zur Bestimmung der Genauigkeit einer konischen Bohrung geschieht mittels eines schwach angefärbten Normalkonusdorns. Sind die Löcher von kleinem Durchmesser, so wird selten irgend ein Fehler unbeachtet bleiben; wenn die Löcher aber groß sind und der Konusdorn schwer ist, soll er beim Nachmessen des Loches nicht ganz herumgedreht werden; denn hierbei kann der Dorn durch sein Gewicht auf seiner ganzen Länge den unteren Teil der Bohrung berühren und kann auf Grund der scheinbaren Anmarkierung den Eindruck ergeben, als ob das Loch den richtigen Konus hätte. Für genaues Messen brauchen wir nur durch einen Längsstrich den oberen Teil anzuzeichnen und dem Dorn ein Drittel Umdrehung nach links und rechts zu geben. Wenn der Konus nicht genau ist, werden wir sofort beim Herausnehmen des Konusdorns die Fehler-Stelle finden. Das beste Verfahren aber für das Untersuchen der Genauigkeit eines Konusloches ist mittels eines langen Konusdorns, wie Fig. 45 zeigt. Der Dorn muß genau geschliffen und die Untersuchung so ausgeführt werden, daß man den Dorn in das Loch fest hineinsteckt und denselben mit der Arbeit rotieren läßt. In Fig. 45 wird dies mit einem angenommenen Fehler im Konusloch gezeigt. Es ist ohne weiteres klar, daß dieser lange Dorn nur genau laufen wird, wenn die zwei Konen miteinander übereinstimmen. Dieses Untersuchungsverfahren ist besonders wichtig für Fräs- und andere Werkzeugspindeln. Die Genauigkeit in der Ausführung soll so groß sein, daß die ganze Spindel und die Konusdorne genau miteinander laufen. Hohle Spindeln und röhrenartige Werkstücke, welche in einem Backenfutter gehalten werden, sollen wo möglich durch einen Dorn verstärkt werden, um ihr Zusammendrücken zu vermeiden, und dünne Büchsen werden besser in einem Futter, wie Fig. 35 bis 37 zeigen, gehalten; sie müssen aber erst außen vorgeschliffen werden. Diese Zeit für das Vorschleifen wird jedoch durch die schnellere Einspannmethode für Innenschleifen und durch die besseren Resultate reichlich wieder eingebracht. Es ist oft nötig, den Boden bezw. die Kanten einer Bohrung genau winklig zu schleifen. Für diesen Zweck wird ein tassenartiges Schleifrad benutzt; die Größe der Schneidfläche soll dann so klein als möglich sein. Fig. 46 zeigt dies, und Fig. 47 zeigt ein Schleifrad beim Schleifen eines Druckringes für Kugellager.

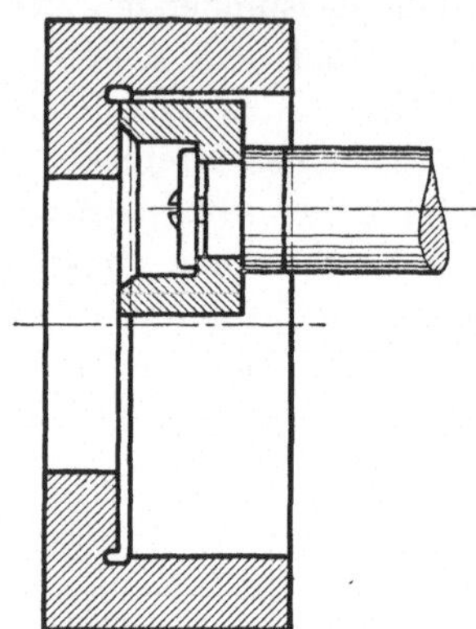

Fig. 46. Bodenschleifen.

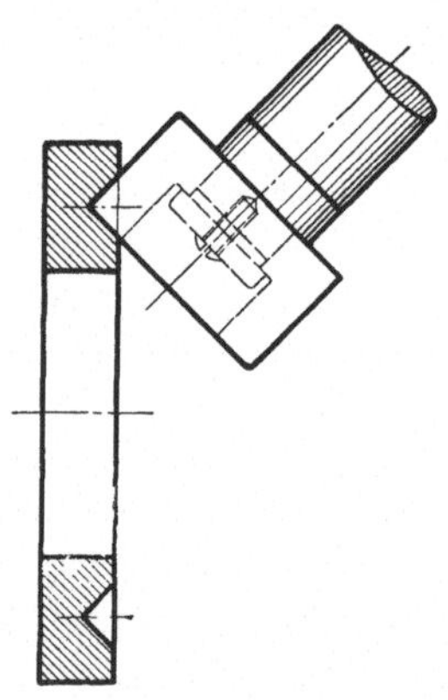

Fig. 47. Rillenschleifen.

Für allgemeine Zwecke kann eine Scheibe von 36 bis 46 Korn für Vor- und Fertigschleifen benutzt werden und, wenn das Rad vor dem Fertigschleifen mit einem Diamanten abgezogen wird, können ziemlich gute Resultate erzielt werden. Wenn bessere Fertigbearbeitung verlangt wird, müssen feine weiche Scheiben für das Abnehmen der letzten Hundertstel mm verwendet werden. Für

Stücke, welche nachher poliert werden müssen, darf eine Scheibe bis zu 120 Korn benutzt werden, weil die in Anspruch genommene Zeit und die erzielten Resultate beim Polieren von der Eigenschaft der geschliffenen Fläche abhängig sind. Wenn die Fläche gut ist, braucht man nicht mehr als 0,006 mm für das Polieren zuzulassen.

Bei der Fertigbearbeitung muß man darauf achten, daß die Scheibe ganz frei schneidet; das Rad darf nicht verstopft werden, wenn genaues Fertigschleifen nötig ist. Für das Schruppen und Schlichten soll der Vorschubmechanismus der Maschine so eingestellt werden, daß das Rad nicht mehr als bis auf die Hälfte oder ein Drittel seiner Breite aus der Bohrung heraustritt; denn die Spindel federt immer etwas, und wenn man das Schleifrad aus der Bohrung heraustreten läßt, werden die Enden glockenartig geschliffen. Muß das Schleif-Rad herausgezogen werden, um die Bohrung nachzumessen, so soll man am Ende der Bohrung mit der Hand ein wenig gegen die Spindel drücken, bis die Funken aufgehört haben.

Für alle Durchmesser über 6 mm kann das Schleifen mit den gewöhnlichen Schleifrädern ausgeführt werden, für kleinere Lochdurchmesser sind die Räder schwer zu befestigen und es ist ferner selten möglich die genügende Geschwindigkeit zu erzielen, um die Arbeit mit Erfolg auszuführen. Für diese kleinen Löcher ist ein mit Diamantstaub eingeriebener Schleifdorn besser. Der Schleifdorn kann aus weichem Stahl hergestellt und durch Rollen auf einer gehärteten Stahlplatte, auf welche sich mit etwas Öl gemischter Diamantstaub befindet, mit dem Schleifmaterial versehen werden. Die glatte Seite einer Feile kann benutzt werden, um den Schleifdorn auf der Platte zu rollen bezw. anzupressen. Man muß darauf achten, daß der Schleifdorn genau läuft. Petroleum kann mit Vorteil als Schmiermittel benutzt werden. Dieses kleine Werkzeug schleift bei richtiger Ausführung sehr rationell, aber es muß sorgfältig beobachtet werden, da keine Funken erscheinen.

Für kleine Werkstücke werden leichte Spezialmaschinen gebaut; sie sind da notwendig, wo genügende Arbeit für sie vorhanden ist; aber für den gelegentlichen Gebrauch kann stets die gewöhnliche Universalmaschine mit der nötigen Vorsicht benutzt werden.

Neuntes Kapitel.

Planschleifen.

Im Verhältnis zur Zahl derer, die die Rundschleifmaschine benutzen, sind die Anhänger der Planschleifmaschine erstaunlich klein. Die Vorteile sind fast unbekannt. Die meisten Ingenieure wenden das Planschleifen nur in der Werkzeugmacherei an, und auch da benutzen sie es nur für die Nachbearbeitung gehärteter Stücke oder in Fällen, wo die größte Genauigkeit erforderlich ist, während das alte und mühsame Schlichten mit Feilen und Schmirgelleinwand für die allgemeine Fertigbearbeitung noch üblich ist. Wir meinen hier besonders die Maschinenteile, an welchen eine genaue Fläche streng genommen nicht nötig ist, aber bei denen die sauber geschlichtete Fläche dazu dient, der ganzen Maschine ein gutes Aussehen zu geben. Sehr oft werden solche Flächen einfach aus dem Grunde nur gehobelt, weil es als eine Zeit- und Arbeitsverschwendung betrachtet wird, sie sauber zu schlichten. Dagegen ist anzuführen: Im allgemeinen wird ein Arbeiter davon absehen, sauber geschlichtete Flächen als Amboß für eine Arbeit zu benutzen, während er dies häufig tut, wenn die Fläche nur gehobelt und gestrichen wird. Die Sorgfalt und Aufmerksamkeit, welche auf eine Maschine gewendet werden, stehen oft in direktem Gegensatz zu ihrem äußeren Aussehen.

Viele Werkzeugmaschinen-Fabriken würden gut tun, wenn sie die aus dem Schleifverfahren gezogenen Lehren in ihrem eigenen Betriebe anwenden würden. Wenn wir eine moderne Werkzeugmaschine untersuchen, werden wir wahrscheinlich finden, daß die Maße fast aller Teile von den Normalmaßen der Zeichnung sehr stark abweichen. Wenn die Werkstatt richtig arbeiten würde, müßten die Teile austauschbar sein, und es brauchte wenig Zeit irgend ein Teil der Maschine zu ersetzen.

Es ist ein z, B. allgemeiner Fehler, daß die Führungen der Arbeitstische nicht genau mit dem Bett der Maschine übereinstimmen. Die Vorteile, welche durch die genaue Herstellung dieser Flächen zu erzielen sind, werden vielleicht für den Arbeiter klarer als für den Konstrukteur sein; denn der Arbeiter muß eine genaue Stelle haben, von wo aus er die Arbeit vor der Bearbeitung messen und nach der Bearbeitung vergleichen und untersuchen kann. Der Einwand gegen unnötiges Schlichten ist hinfällig, denn so mancher bemüht sich heute noch, das Schlichten durch dies langsame und mühevolle Verfahren mit der Schmirgelleinwand auszuführen. Solche Flächen können viel besser und schneller mit der Planschleifmaschine (Fig. 48) bearbeitet werden, und die nötige Genauigkeit wird auch beibehalten, wenn das Aufspannen richtig ausgeführt ist.

Das Schleifen der Schlittenbetten mag nicht immer ökonomisch sein, da bei geschicktem Hobeln die Herstellungs-Fehler sehr klein sind und sehr schnell durch das Schaben korrigiert werden können, welches zwecks Schmierung (ölhaltende Flächen) immer nötig ist. Viele Schlitten haben aber Fehler, die von einigen Operationen vor dem Hobeln herrühren. Bei diesen Fehlern hat die Praxis gezeigt, daß ihre Entfernung durch Schleifen viel vorteilhafter ist als durch Schaben oder durch ein zweites Hobeln. Es wird nicht behauptet, daß das Schleifen eines einzelnen Stückes ökonomisch ist, obwohl dies von der Einspannmethode abhängig ist, aber bei der Massenfabrikation ist es gewiß der Fall. Die Zeit und Arbeit für das Schaben sind abhängig von den Fehlern der vorhergehenden Bearbeitung, und der Schaber arbeitet nur langsam. Dabei müssen kostspielige Tuschierplatten beständig benutzt werden, um die Arbeit zu kontrollieren, während die Planschleifmaschine alle Fehler entfernt und Flächen erzeugt, welche genaue und zueinander parallele Ebenen bilden.

Für Prisma-Schlitten ist es in den meisten Fällen zweifelhaft, ob das Schleifen ökonomisch sein wird; die Kosten der Anschaffung von Scheiben besonderer Gestalt und die Zeit beim Wechseln und Abziehen solcher Scheiben würden Ersparnis wohl verhindern. Nur wenn die Anzahl der Werkstücke groß genug ist, glaubt der Verfasser, daß ein Versuch sich lohnen würde.

Die Entwickelung der Fräsmaschine und die Benutzung von Schnellstahl ermöglichen die Bearbeitung vieler Teile in einer rationelleren Weise wie früher, aber nicht so genau wie

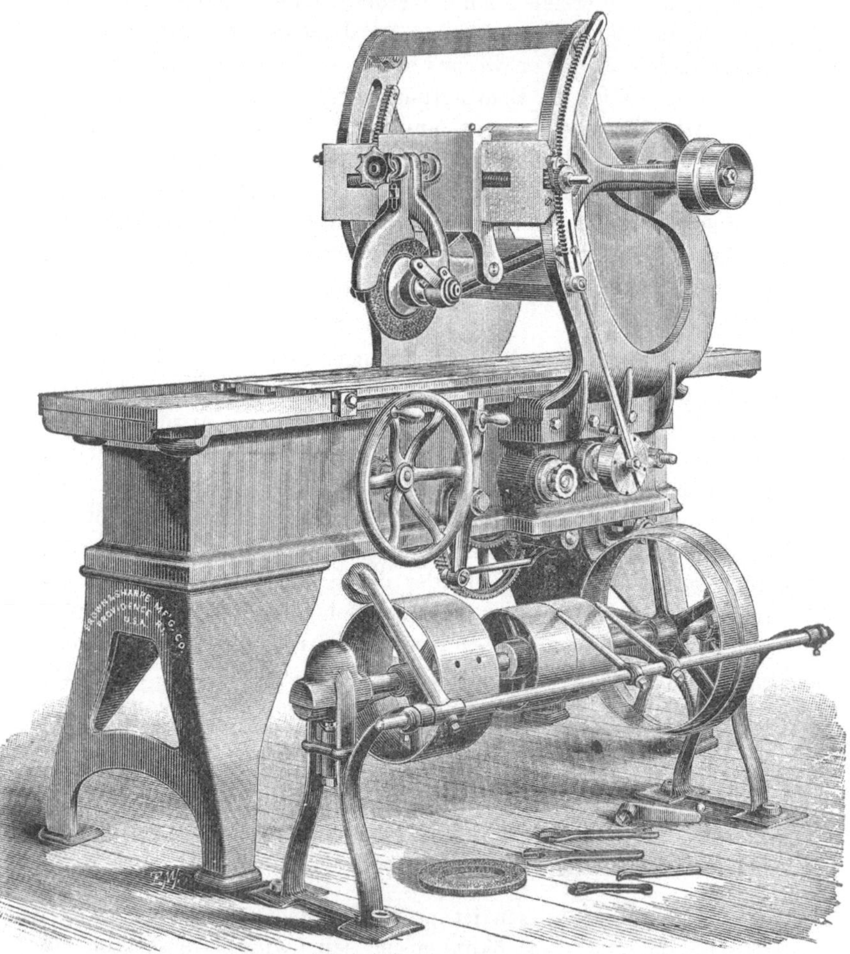

Fig. 48. Planschleifmaschine.

wünschenswert, und hier ist die Planschleifmaschine für das Schlichten nützlich, genau wie die Rundschleif-Maschine für die Arbeit der Drehbank. Die Tatsache, daß Gußeisen nach dem Schleifen schwer zu schaben ist, wird oft als ein Beweis angeführt, daß das Schleifmaterial in die Oberfläche eingedrungen ist, aber Gußeisen ist auch schwer zu schaben, wenn es durch ein anderes Mittel geschlichtet wird. Stahl läßt sich ganz leicht nach dem Schleifen schaben, obwohl das Schleifmittel in dieses Material viel leichter eindringt als in Gußeisen. Chemische Versuche haben bewiesen, daß obige Annahme falsch ist. Ebenso wäre es richtig anzunehmen, daß auch beim Rund-Schleifen die Oberfläche vom Schmirgel-Korn durchdrungen wird. Zum Schaben geschliffener Flächen ist die Benutzung besonders gehärteter Schaber notwendig.

Obwohl es einige Planschleifmaschinen gibt, welche sich für die hier angegebenen Zwecke gut eignen, kennt der Verfasser keine, welche universal anwendbar konstruiert wäre. Sie soll in ihren Bewegungen der Hobelmaschine gleichartig sein; indem das Stichelhaus abgenommen und eine Radspindel mit Kasten eingesetzt werden kann. Der Tisch soll mit einer großen Wasserrinne versehen sein, um das Wasser abzuführen, und eine Pumpe mit Sammelbecken soll ebenfalls vorhanden sein. Der Spindelantrieb soll nicht vertikal erfolgen und soll ein Teil der Maschine selbst sein, weil die Ungenauigkeit der Riemen sonst kleine Erzitterungen der Spindel verursachen kann, welche sich auf die Arbeit übertragen könnten, so daß Einzelmotorantrieb vorzuziehen ist. Die Maschine soll so genau als möglich aufgestellt werden, denn von dieser Genauigkeit wird die Güte der Arbeit abhängig sein. Diese Bemerkungen sind mit gutem Grunde niedergeschrieben, weil bei einer Maschine, mit welcher der Verfasser arbeitete, und welche von oben her mit Spannrollen angetrieben wurde, die dadurch entstandenen Erschütterungen als Ratterzeichen übertragen wurden. Die Fehler waren jedoch so klein, daß ihre Tiefe selbst durch das Gefühl unmeßbar war; und in jeder anderen Hinsicht bewies die Anwendung der Maschine, welche große Ersparnis in den meisten Fällen erzielt werden kann, wenn sie für die Fertigbearbeitung ebener Flächen benutzt wird.

Mit einigen Ausnahmen ähnelt die Methode des Aufspannens der der Hobelmaschine Der Schleifer muß daher diese Methoden kennen. Alle Unterlegstücke sollen in ihren Stellungen geschliffen werden, bevor die Arbeit aufgelegt wird, und Spezial-Vorrichtungen sollen so konstruiert werden, daß dieses Überschleifen leicht auszuführen ist. Die Spannschrauben sollen leicht angezogen sein und an solchen Stellen sitzen, daß keine Gefahr vorhanden ist, die Arbeit irgendwie zu verziehen. Sind die Unterlegstücke in Stellung geschliffen, so werden wir sicher sein, daß ihre Flächen mit der Querbewegung parallel sind; und vor dem Festschrauben muß jede Windschiefheit mit Papier so ausgeglichen werden, daß die Arbeit festsitzt.

Es gibt nur wenige Planschleifmaschinen, welche mit Wasserzufuhr eingerichtet sind, und dies ist ein grober Fehler. Es gibt Fälle, wo es wegen der Gestalt des Werkstückes unbequem ist, Wasser zu benutzen, und in solchen Fällen dauert das Schleifen eben viel länger. Wir wollen versuchen dies durch ein Beispiel klarzumachen. Wenn wir eine ebene Fläche ohne Wasser schleifen, so kann die erzeugte Wärme nicht schnell genug von dem Metall aufgenommen werden, um es gleichmäßig auszudehnen. Die Dehnung der einseitig erwärmten Fläche veranlaßt das Stück eine konvexe Gestalt anzunehmen. Wird die Scheibe nun entfernt und die Wärme durch die Masse absorbiert, so wird die geschliffene Fläche wiederum konkav, und wir müssen die leichtesten Schnitte nehmen um sie genau zu schleifen. Zwei Punkte, welche die Fehler beim Trockenschleifen zeigen, müssen hier berücksichtigt werden: erstens muß man immer so lange warten, bis die Wärme absorbiert wird, bevor man zu schlichten anfängt; und zweitens muß das Schlichten langsam stattfinden. Die Krümmung wird im Verhältnis zu der Tiefe des Schnittes und zu der beim Schruppen erzeugten Wärme stehen, und da das Schleifrad beim Schlichten an den Enden schwerer schneidet, muß man es zwei- oder dreimal über die Fläche laufen lassen. Wenn man Wasser benutzen kann, wird dies ganz überflüssig. Die erzeugte Fläche ist viel besser; härtere Räder können benutzt werden, weniger Schleifmaterial wird verschwendet und der Staub durch das Wasser weggeschwemmt. Das ist eine Wohltat für den Schleifer, für die Maschine und für die ganze Umgebung. Die Wasserzufuhr soll so eingerichtet sein, daß das Wasser, unabhängig von der Stellung des Rades, stets an der Schleifstelle hinzutritt, und die Mündung des Wasserrohres soll so sein, wie es für das Innenschleifen gezeigt wurde. Da das Wasser unter Druck austritt, so müssen verstellbare Schutzkappen, die mittels

Stangen an der Maschine befestigt werden, vorhanden sein, welche das Wasser nach den Abfuhrstellen leiten, von wo es dem Sammelbecken wieder zugeführt wird. Es ist vielleicht unnötig, zu wiederholen, daß viel tiefere Schnitte genommen werden können, wenn Wasser benutzt wird; in manchen Fällen können Werkstücke aus dem rohen Guß- oder Schmiedestück ohne vorherige Bearbeitung geschliffen werden. Ein breiter Seitenvorschub des Rades, welcher für das Vorschleifen vorgeschlagen wurde, ist von besonderem Wert für das Trockenschleifen; denn schneller Seitenvorschub des Rades und kleine Schnittiefe bearbeiten die Fläche rationell und sichern eine gleichmäßige Verteilung der Wärme, welche schnell abgeführt werden kann. Man kann den Schleifer nicht zu oft darauf aufmerksam machen, daß, wo die Umstände ihn verhindern mit Wasser zu arbeiten, er nicht zu schlichten anfangen soll, bis er sicher ist, daß das Stück gleichmäßig warm ist.

Das Schleifrad für das Schlichten muß genau abgezogen werden, und da die Schnitte sehr leicht sein müssen, werden die Funken kaum sichtbar sein. Bevor man den Schlichtschnitt nimmt, kann man die Fläche durch Fingerabdrücke an verschiedenen Stellen zeichnen. Wenn das Schleifrad diese Zeichen gleichmäßig fortnimmt, kann man sicher sein, daß es die ganze Fläche berührt hat. Wenn alle Vorsichtsmaßregeln mit Rücksicht auf die Temperatur getroffen werden, wird die Genauigkeit der Fläche nur von der der Maschine abhängig sein. Da die Bedienung der Planschleifmaschine von einem intelligenten Hobler ausgeführt werden kann, ist es nicht notwendig, besondere Arbeits-Beispiele anzugeben; es seien trotzdem einige Punkte erwähnt, welche für den Arbeiter von Nutzen sind, wenn er noch keine Erfahrung in der Schleiferei besitzt. Wenn möglich, muß er z. B. immer mit der Vorderfläche und nicht mit den Seiten des Rades schleifen. Die Maschine ist dann viel leichter zu bedienen und das Schleifen rationeller auszuführen. Beim Schleifen von viereckigen Werkstücken ist es besser, jede Fläche einzeln und parallel mit der Querbewegung zu bearbeiten.

Wo das Schleifen mit den Seiten notwendig ist, darf jedenfalls die ganze Seite des Rades nicht benutzt werden, da sie zu viel Hitze erzeugt; wir können Fig. 49 als Beispiel für diesen Fall nehmen. A zeigt einen Schlitten, welcher an allen äußeren Seiten schon geschliffen worden ist und nun auch an den Innenführungen, wie gezeigt, geschliffen werden soll. Eine tassenförmige Scheibe oder eine einfache, welche auf die gezeigte Gestalt gedreht worden ist, kann für diesen Zweck benutzt werden.

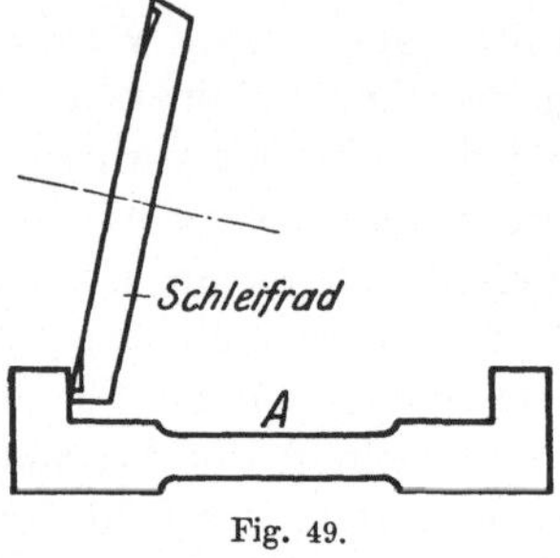

Fig. 49.

Hier haben wir einen Punkt, der bei der Konstruktion des Spindelstocks beachtet werden muß: er soll an der Aufnahmeplatte so drehbar sein, daß er in jeden Winkel einstellbar ist. Das Schleifrad soll zuerst auf einen Winkel von 10^{0} gestellt und sein Rand parallel zum Querbalken abgedreht werden und zwar mit dem Diamant, der so eingestellt ist, daß er gerade vertikal unter der Mittelachse der Spindel steht. Nachdem kann die Aussparung gedreht werden. Eine Scheibe von solcher Gestalt ist einer tassenartigen für das Schleifen mit der Seite vorzuziehen, weil sie sowohl für die vertikale wie die horizontale Fläche bei einer Einstellung benutzt werden kann, wie das Beispiel Fig. 49 zeigt.

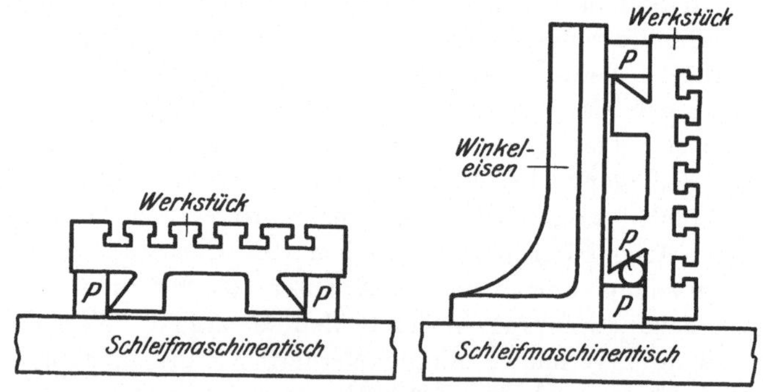

Fig. 50 u. Fig. 51. Aufspannmethode bei der Planschleifmaschine.

Fig. 50 u. 51 zeigen einen Arbeitstisch, welcher an seiner Gleitfläche schon geschabt ist. Um die Oberfläche zu schleifen, soll er auf genaue Unterlegstücke (P, Fig. 50), wie gezeigt, gestellt werden. Die andere Ansicht (Fig. 51) zeigt die Aufspannmethode, wenn die Seiten geschliffen werden. Die Prismaführung liegt auf runden Normalunterlegstücken, welche auf parallelen Stücken sitzen;

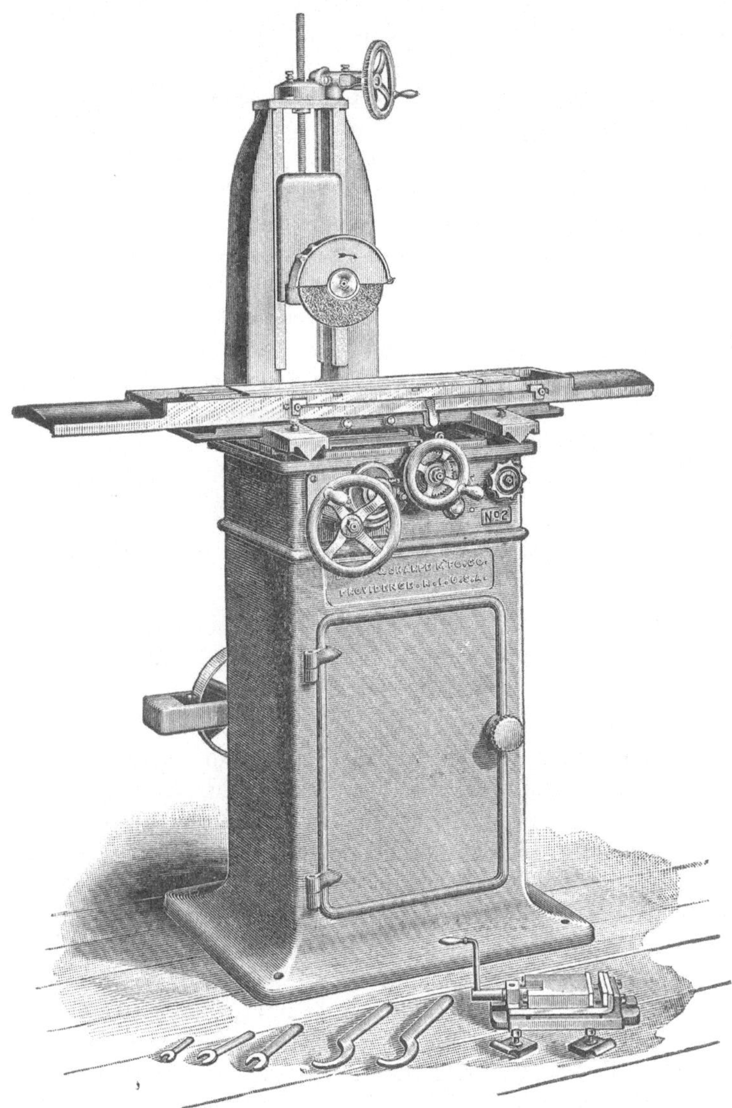

Fig. 52. Planschleifmaschine.

diese Parallelstücke halten den Tisch auch genau im Winkel. Wenn die Enden genau geschliffen werden sollen, können sie leicht nach den fertigen Flächen gerichtet werden. Wenn wir andererseits den Tisch auf seinen rohgehobelten Flächen aufspannen würden, um die Hobelzeichen zu entfernen, werden wir nur scheinbar eine saubere Fläche bekommen, welche späterhin sicher zu Ungenauigkeiten führen könnte.

In vielen Fällen können mehrere Werkstücke auf den Tisch aufgespannt werden, besonders wenn sie von gleicher Höhe sein müssen. Wenn dies nicht unbedingt notwendig ist, kann man leicht Zeit und Schleifmaterial verschwenden durch das Herunterschleifen der höchsten Werkstücke auf die Höhe des niedrigsten Stücks. Grobe Räder sind immer für alle Arbeiten, welche hier erwähnt sind, vorzuziehen; sie entfernen das Material schnell mit der geringsten Erwärmung, und da das Schruppen und Schlichten meistens bei einmaligem Aufspannen ausgeführt wird, ist die zu schlichtende Fläche nie sehr groß.

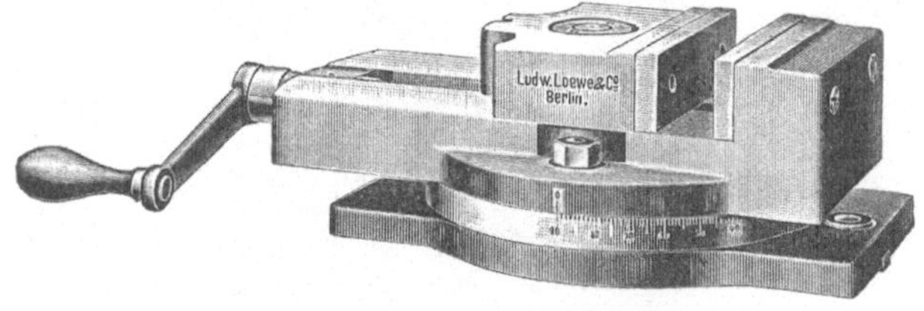

Fig. 53. Universal-Schraubstock.

Für die Werkzeugmacherei jeder Werkstatt ist die Planschleifmaschine notwendig, obgleich sie für die hier auftretende Arbeit nicht so konstruiert zu werden braucht, wie bisher angegeben ist. Die Werkstücke werden z. B. selten so große Flächen haben, daß Seitenschleifen nicht zulässig wäre. Die Planschleifmaschine (Fig. 52) wird hier hauptsächlich benutzt, um gehärtete Stücke nachzuarbeiten. Wegen der geringen Größe der Arbeitsstücke und der leichten Schnitte, welche genommen werden müssen, ist das Trockenschleifen manchmal zulässig, obwohl dann sehr weiche Räder von mittlerer Körnung benutzt werden müssen. Die Wasserzufuhr ist insofern von großem Vorteil, besonders beim Schleifen von Schneidwerkzeugen, weil man nicht Gefahr läuft, die Arbeit auszuglühen.

Ein Universalschraubstock (Fig. 53) und ein Satz Spitzen (Fig. 54) sollen einen Teil der Werkstatt-Einrichtung bilden. Der erstere für das Halten von Stücken, welche auf den Tisch nicht aufgespannt werden können, und für winklige Stücke; der letztere für das Halten zylindrischer Arbeit oder für Teilungszwecke. Alle gehärteten Arbeiten sollen vor dem Fertigschleifen wieder erwärmt und langsam abgekühlt werden, damit die Innenspannungen sich ausgleichen können; und trotzdem treten beim Schlichten Formänderungen ein; dünne gehärtete Stücke verziehen sich dabei leicht, und das einzige Hilfsmittel ist dann vorsichtiges Hämmern.

Hämmern sollte nie angewendet werden, ehe das betreffende Stück vorgeschliffen ist, wenn es von solcher Gestalt und Größe ist, daß es in seiner Lage durch die Aufspannvorrichtung verspannt werden kann. Wenn wir z. B. ein dünnes Stück haben, welches durch Härten krumm geworden ist, werden wir es mit der konkaven Seite nach unten aufspannen. Wenn die obere Seite vorgeschliffen ist, wird das Stück höchstwahrscheinlich seine Gestalt ändern, und die Krümmung kann gerade in der entgegengesetzten Richtung auftreten, wenn es abgespannt wird.

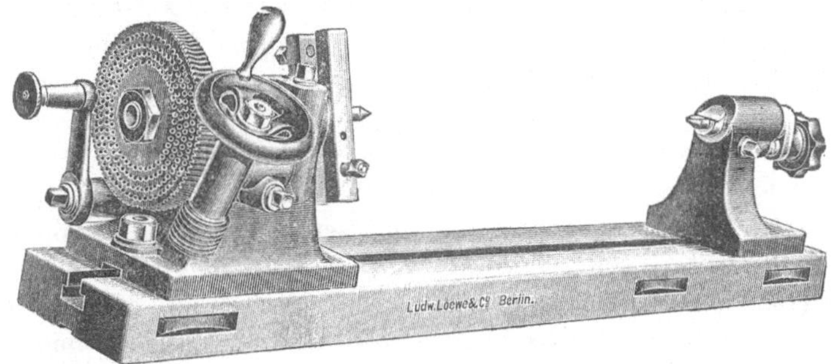

Fig. 54. Spitzenapparat.

Drehen wir es um und schleifen die andere Seite vor, so kann die Gestalt sich wieder ändern, oder das Stück kann auf einer Seite immer konkav werden, ungeachtet wie oft wir es herumdrehen. In dem ersten Fall ist es wahrscheinlich, daß die durch das Schleifrad erzeugte Hitze das Verziehen verursacht, welches von dem Ausdehnen und Zusammenziehen der Fläche herrührt. Deshalb ist es möglich, dieses Verziehen durch den Zustand des Schleifrades einzuschränken. Wenn es ganz frei schneidet, wird es die wenigste Formänderung verursachen. Im zweiten Fall hat das Härten ungleiche Innenspannungen im Metall hinterlassen, welche das Rad nicht ausgleichen kann, und dann muß das betreffende Stück durch Hämmern gerichtet werden. Der Richthammer soll leicht sein und einen gewölbten Kopf haben. Die Schläge sollen leicht und schnell sein, damit keine merkbaren Beulen gemacht werden. Das Hämmern soll in der Mitte des Stückes anfangen und von hier aus allmählich nach den Rändern hin erfolgen. Eine feste Regel kann für die Behandlung beim Härten gebogener Stücke nicht gegeben werden; jeder Fall muß einzeln berücksichtigt werden. Die hier angegebenen Mittel sind die, welche der Verfasser während einer Reihe von Jahren in der Praxis angewendet hat, aber sie sind nicht immer unfehlbar; selbst das Prinzip, gehärtete Stücke eine Zeitlang vor der Bearbeitung liegen zu lassen, kann in manchen Fällen falsch sein, weil es sich als Hilfsmittel für den bestimmten Fall vielleicht nicht so gut eignet als ein plötzlicher Stoß. Gehärtete oder weiche Werkstücke von mittlerem Querschnitt können sich durch Schleifen sehr leicht verziehen; und dies kommt sehr leicht vor, wenn Wasser nicht benutzt wird oder wenn die Scheibe zu hart ist. Das Verziehen ist dann die Wirkung übermäßiger Hitze. Bei trockenem Planschleifen ist es fast unmöglich, diese Unannehmlichkeiten zu verhindern, wenn man nicht so kleine Schnitte nimmt, daß viel zu viel Zeit in Anspruch genommen wird. Falsche Einspannmethoden können die gleichen Unannehmlichkeiten hervorrufen. Alle Werkstücke, die ganz großen ausgenommen, müssen in fester Aufspannung auf guten Unterlagen geschliffen werden. Diese Unterlagen sollen die ganze untere Fläche des Werkstückes decken und dazu dienen, die Genauigkeit des zu schleifenden Stückes zu sichern und die erzeugte Erwärmung zu absorbieren. Aus diesen Gründen wird die Arbeit am besten auf den Tisch selbst gespannt und wenn die Gestalt des Stückes dies verhindert, so muß man darauf achten, daß das Schleifrad die Arbeit nicht erwärmt. Als Beispiel wollen wir ein einfaches Stahlstück nehmen und zeigen, was stattfinden würde, wenn es zum Schleifen falsch aufgespannt wird. AA, Fig. 55, ist ein 152 × 50 × 10 mm Stahlstück, welches im Parallel-Schraubstock der Maschine gehalten wird, und dessen untere Seite ganz genau geschliffen ist. Beim Schleifen der oberen Fläche erhitzt das Schleif-Rad die Arbeit entweder durch zu starke Schnitte oder weil es für die betreffende Arbeit ungeeignet ist. Jedesmal wenn das Rad über die Arbeit fährt, werden

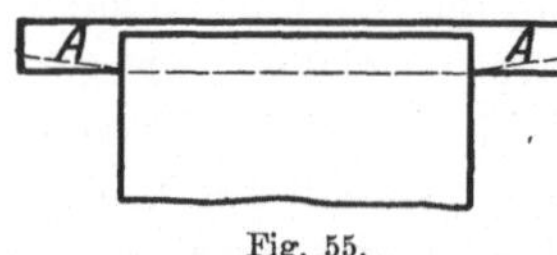

Fig. 55.

die Schnitte an beiden Enden allmählich stärker, weil der Schraubstock dort nicht stützt. Wenn die Arbeit abgespannt wird, wird man finden, daß die Hitze die beiden Enden nach der punktierten Linie krumm gezogen hat. Dies beweist, daß es besser ist, diese Art Arbeit auf den Tisch oder andere genaue Flächen aufzuspannen, und um zu verhindern, daß sie sich dabei krumm biegt, sollen die Spanneisen so angeordnet sein, daß die Arbeit fest nach unten gedrückt wird. Durch die gleichmäßige Verteilung der Spanneisen ist es möglich, stärkere Schnitte mit Sicherheit so zu nehmen, daß die Arbeit parallel bleibt.

Das Aufspannen leichter Werkstücke muß natürlich so erfolgen, daß sie nicht verzogen werden, und der Druck der Finger beim Aufspannen ist gewöhnlich dafür genügend. Sehr dünne Stücke können mit Schellack angeheftet werden, aber man muß darauf achten, daß die Flächen und der Schellack ganz sauber sind.

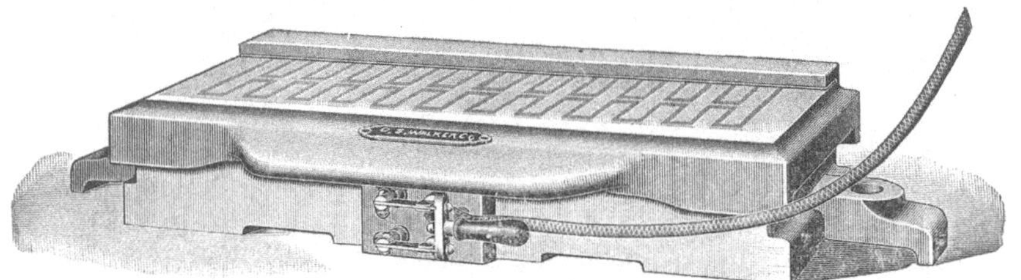

Fig. 56. Magnetische Spannvorrichtung.

Wo elektrische Kraft vorhanden ist, ist die magnetische Spannvorrichtung (Fig. 56) das ideale Hilfswerkzeug für die Planschleifmaschine, weil sie die Verwendung von Klammern, Schrauben usw. nahezu unnötig macht; für dünne Stücke ist sie besonders wertvoll und sicherer als der Gebrauch von Schellack. Bei letzterem ist immer die Gefahr vorhanden, Staubteile mitfestzukleben; außerdem muß man, um Messen zu können, die Stücke jedesmal ablösen und wiederankleben; endlich ist die Dicke des Schellacks immer unbekannt, während bei der magnetischen Spannvorrichtung kein zwischenliegender Körper zu berücksichtigen ist, und die Arbeit mit Sicherheit auf- und abgespannt werden kann. Die Magnet-Spannvorrichtung besteht aus einem weichen Eisenkern mit Drahtspule, welcher in einem Eisen-Kasten eingebaut ist, der auf den Tisch geschraubt werden kann;

durch Einschalten des elektrischen Stroms wird der Eisenkern zum Magneten. Die obere Seite des Kastens wird ganz eben gemacht und die positiven und negativen Pole sind voneinander durch ein Isoliermetall getrennt, welches in die Oberfläche eingesetzt wird. Die zu bearbeitenden Stücke werden einfach auf den Magnet gelegt und der Strom eingeschaltet; die Kraft zum Festhalten ist dann groß genug, evtl. selbst für leichte Hobelschnitte. Einige Elementarkenntnisse des Magnetismus werden bei der Benutzung des Magneten sehr wertvoll sein und werden es dem Schleifer ermöglichen, seine Arbeit günstig aufzuspannen.

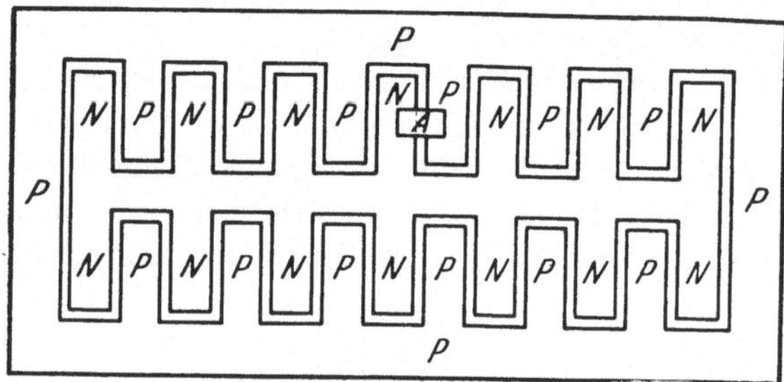

Fig. 57.

Fig. 57 zeigt die haltende Oberfläche eines solchen Magneten; die positiven und negativen Pole sind mit P und N bezeichnet. Um die Arbeit festzuhalten, muß sie mit mindestens zwei von diesen Polen in Berührung kommen, so daß sehr kleine Stücke, wie A zeigt, quer über das Isoliermetall gestellt werden müssen. Alle Werkstücke, die durch den Magnet gehalten werden, werden beständig magnetisiert und diese Eigenschaft kann man ausnutzen, um Werkstücke in anderer Weise aufzuspannen als auf der Oberfläche eines Magnets. Im Zusammenhang damit muß man immer berücksichtigen, daß die Einspannkraft da am stärksten ist, wo die Berührungsfläche am größten ist. In vielen Fällen braucht man die ganze Einspannkraft nicht, daher sollen hierfür dünne Drahtstücke immer auf Lager gehalten werden, um die Berührungsfläche, wenn möglich, zu verkleinern; einige Beispiele solcher Fälle seien hier angegeben. Fig. 58 zeigt die Seitenansicht eines Werkstückes, welches an allen vier Seiten

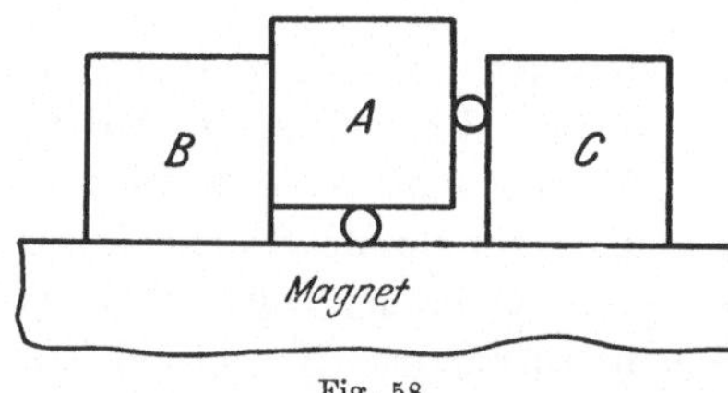

Fig. 58.

genau rechtwinklig geschliffen werden muß, und bei welchem zwei gegenüberliegende Seiten schon parallel geschliffen sind. B ist eine viereckige Leiste, welche für den Zweck genau rechtwinklig hergestellt wurde. Eine der fertigen Seiten des Werkstückes wird gegen

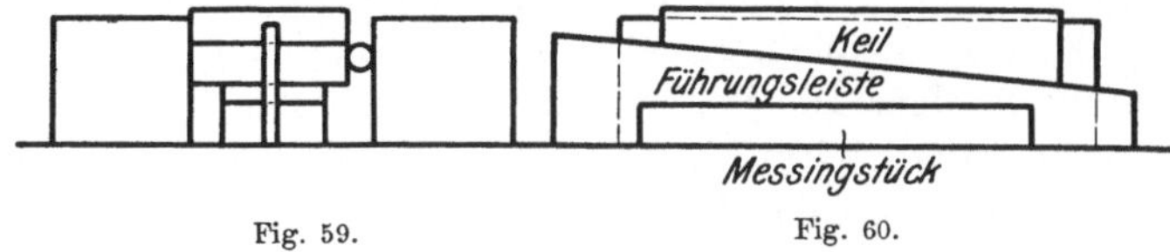

Fig. 59. Fig. 60.

die Leiste gelegt und ein Drahtstück wird unter sie gelegt; um die Arbeit noch stärker zu befestigen, wird eine zweite Leiste C und ein weiteres Drahtstück benutzt. Da die größte Berührungsfläche auf der Seite B ist, wird die Befestigung dort auch am stärksten sein, und die nun geschliffene Oberfläche wird genau rechtwinklig zu den beiden Seiten sein; die vierte Seite kann wieder auf dem Magnet geschliffen werden. Fig. 59 und 60 zeigen einen Keil, welcher nach demselben Prinzip der Seitenbefestigung geschliffen wird. Anstatt des Drahtes ist in diesem Fall ein Messingstreifen an der unteren Seite benutzt, welcher als Isolator dient und zugleich als eine Führung, um die richtige Schräge zu geben. Ferner werden Holz- oder Messingstreifen an die beiden Seiten des Keils gelegt, um ihn in Stellung zu halten.

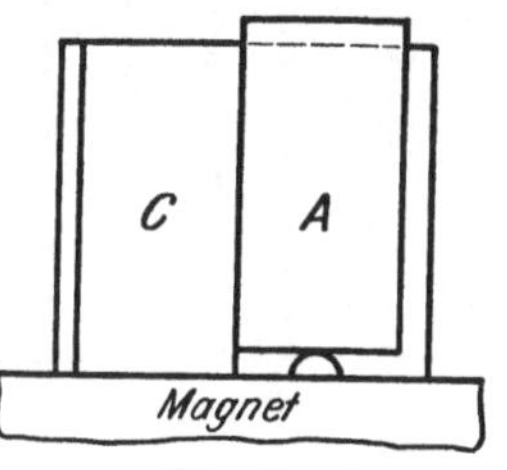

Fig. 61.

Fig. 61 u. 62 zeigen ein Stück, dessen Enden zu den Seiten genau rechtwinklig geschliffen werden sollen. B und C benutzt man, um die Seiten genau zu halten, und ein Drahtstück liegt unten zwischen dem Werkstück und Magnet. Hier soll das Stück an den beiden Seiten so befestigt werden, daß es genau gerade gehalten wird. Dazu müssen wir eine von den Seiten B auf den positiven Pol stellen und diese von der anderen C durch einen Bogen dickes Papier isolieren. Der Kraftlinienstrom muß jetzt von C zu A und von A zu B erfolgen und die beiden Seiten werden

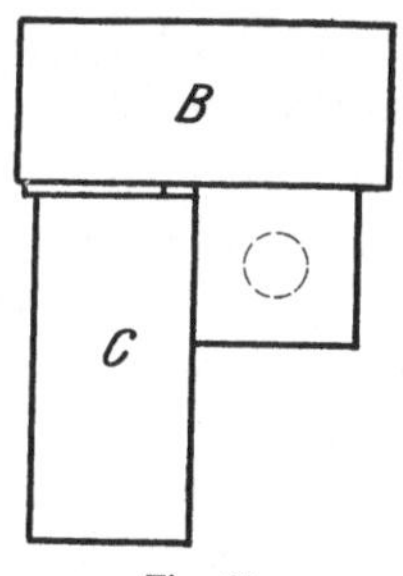

Fig. 62.

somit rechtwinklig zu der Oberfläche des Magnets gezogen. Fig. 63 zeigt ein hohes Stück, welches wenig Befestigungsfläche auf dem Magnet hat und deshalb so unterstützt werden muß, daß die Schleifscheibe es nicht umstößt. Ein verstellbarer Support ist gezeigt, dessen Konstruktion leicht zu verstehen ist. Alle Teile, ausgenommen A, müssen von unmagnetischem Material hergestellt werden. Die Stütze muß so gestellt sein, daß sie gegen die Druckrichtung wirkt.

Alle Stücke, welche ihrer Gestalt nach auf Unterlagen stehen müssen, sollen durch ein Gegenstück unterstützt werden, weil die Anziehungskraft hier nicht so groß ist, als wenn sie direkt auf dem Magnet liegen; und jede derartige Arbeit soll vor dem Schleifen mit der Hand untersucht werden, um sicher zu sein, daß alles festgehalten wird. Wenn mehrere Werkstücke zusammen auf den Magnet gelegt werden, müssen sie durch Holzstreifen oder durch ein anderes Isoliermaterial getrennt werden, damit keine Seitenkräfte eintreten können. Man muß die Oberflächen des Magnethalters jedesmal, wenn er auf die Maschine gespannt wird, durch Abnehmen von leichten Schnitten untersuchen und darauf achten, daß kein Staub oder Schmutz über das Isoliermetall hervortritt. Es ist vielleicht nicht nötig zu sagen, daß Sauberkeit für genaue Arbeit unbedingt notwendig ist, und daß die Magnetfläche mit der Hand gesäubert werden muß, bevor die Arbeit aufgespannt wird.

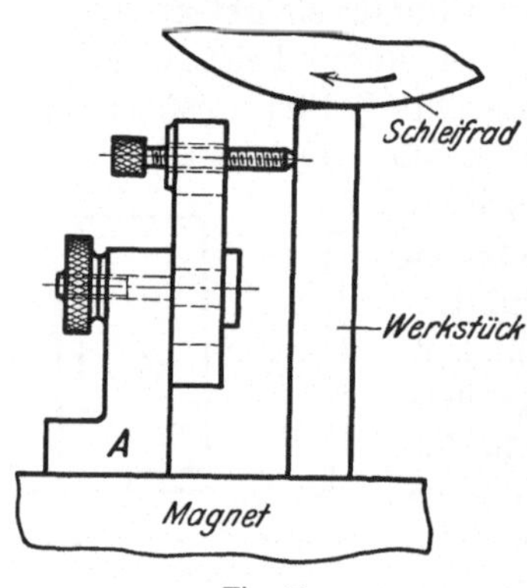

Fig. 63.

Alle Stahl- oder Eisenstücke, welche durch den Magnet gehalten werden, bleiben beständig magnetisiert, und können, wenn sie in diesem Zustand gelassen werden, Metallstaub anziehen. Da dies aber in vielen Fällen schädlich wirken kann, ist es ratsam, die Stücke zu entmagnetisieren, sobald die Arbeit fertig ist; dies ist leicht und schnell mit einem Entmagnetisierapparat ausgeführt, welcher von allen Magnetfutterfabrikanten gebaut wird.

Zehntes Kapitel.

Das Schleifen von Schneidwerkzeugen und anderes.

Das Schleifen von Fräsern, das besonders wichtig ist, wird in vielen Fabriken in nicht einwandfreier Weise ausgeführt. Scharfe Zähne allein genügen nicht; sie sollen auch so geschliffen

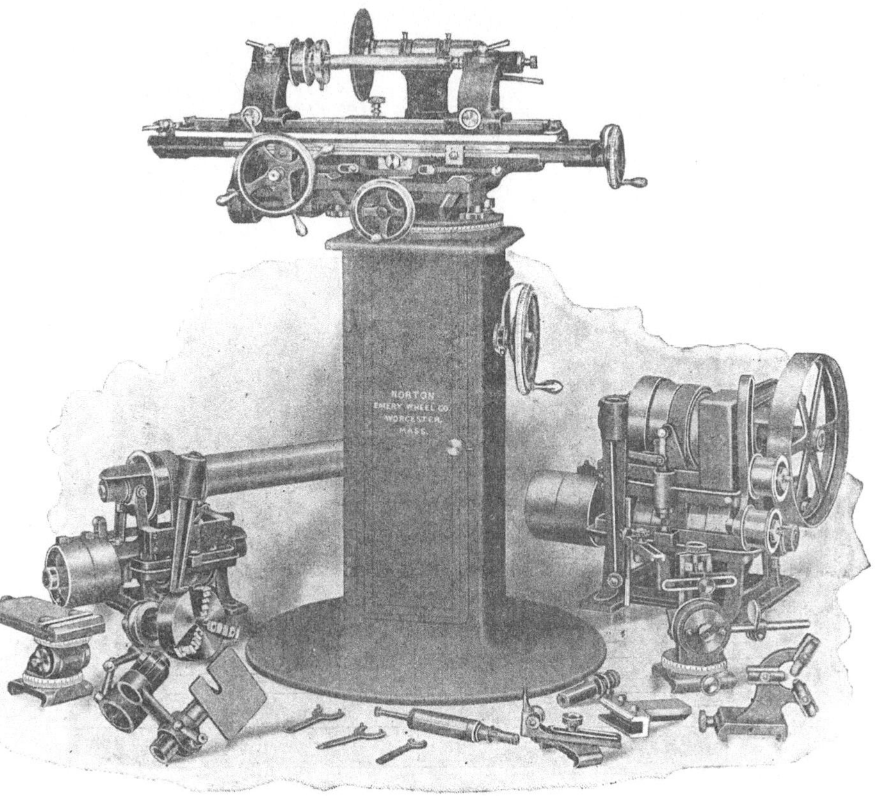

Fig. 64. Werkzeugschleifmaschine.

werden, daß man sicher sein kann, daß die Schneidezähne des Fräsers genau mit der Bohrung und Rotationsachse übereinstimmen. Die Gestalt der Zähne muß man auch berücksichtigen, weil sie, wenn der Schneidwinkel zu klein ist, sehr leicht stumpf werden und deshalb nur für kurze Zeit zu gebrauchen sind. Die Art der Werkzeugschleifmaschine (Fig. 64) wird die Gestalt der Scheibe bestimmen, welche benutzt werden muß, um die Zähne zu schleifen und ihnen den richtigen Freischnitt zu geben; sie bestimmt ferner auch die Befestigungsmethode des Fräsers für das Schleifen. Wenn wir den Fräser mit einer einfachen Scheibe schleifen, werden die Zähne je nach dem Durchmesser der Scheibe mehr oder weniger gehöhlt, und sie können deshalb zu schwach werden. Viele Fräser können aber durch kein anderes Verfahren geschliffen werden. Wenn das Schleifen aber durch eine tassen-

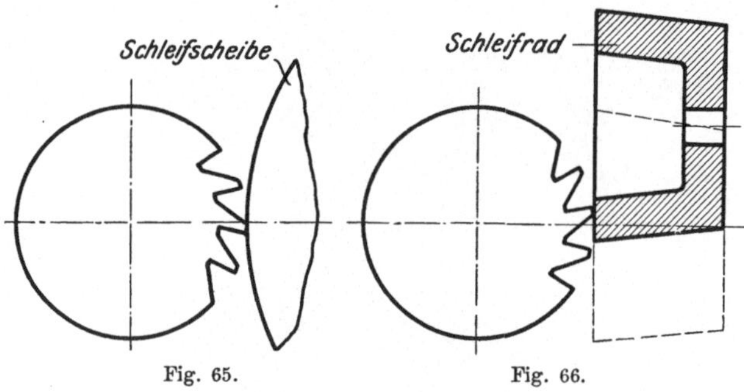

Fig. 65. Fig. 66.

förmige Scheibe ausgeführt wird, so erhält man den richtigen Freischnitt, zusammen mit einer stärkeren Zahnform und gleichzeitig mit der kleinsten Höhlung. Fig. 65 u. 66 zeigen die zwei Zahnformen, welche durch den Gebrauch der verschiedenen Schleifscheiben erzielt werden. Wenn die Teilung der Fräser groß ist, muß das Schleifrad auf der Mitte stehen, wie die punktierten Linien zeigen; es wird stets ein wenig winklig gestellt, damit nur eine Kante benutzt und die Wärmeerzeugung geringer wird. Wenn die Fräser klein oder von feiner Teilung sind, muß man das Verfahren, welches in der Skizze gezeigt wird, anwenden. Fig. 67 u. 68 zeigen die perspektivischen Bilder dieser Anwendungsmethoden.

Man soll stets das Schleifrad gegen die Schneidkante des Zahnes laufen lassen, damit sich kein Grad ansetzt. Es kann noch

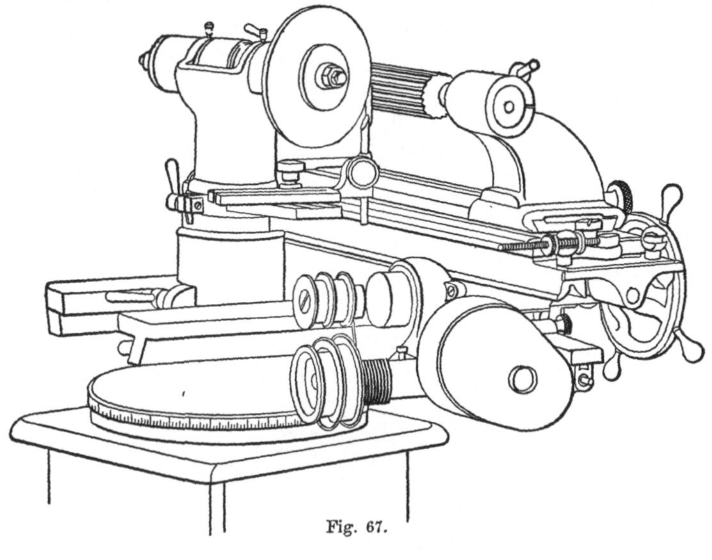

Fig. 67.

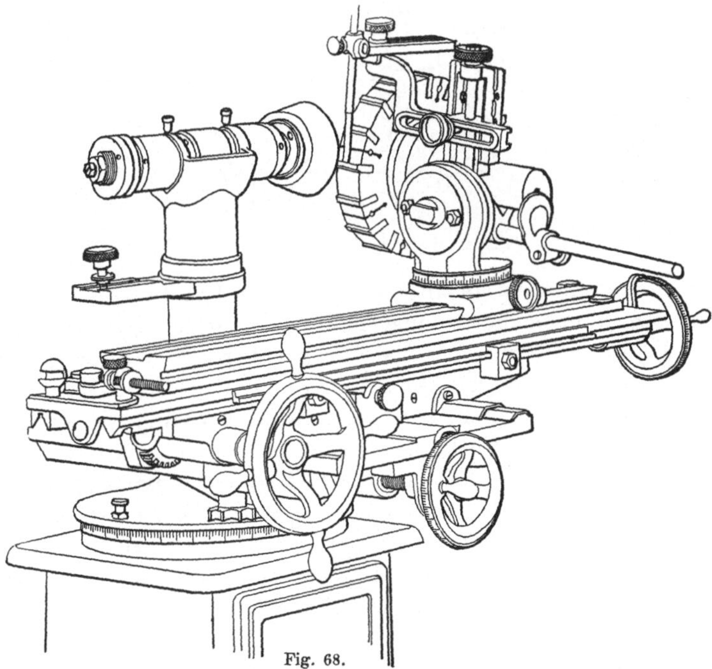

Fig. 68.

mehr zugunsten dieses Verfahrens gesagt werden. Trotzdem ist das Laufen des Rades in entgegengesetzter Richtung allgemein üblich, weil es bequem ist und außerdem dazu beiträgt, den zu schleifenden Zahn gegen den Anschlag zu halten. Ferner soll das Rad immer so laufen, daß der Staub vom Arbeiter wegfliegt, damit er sehen kann, was er tut.

Wir haben gezeigt, daß die Konstruktion der Maschine die Einspannmethode für den Fräser bestimmen kann, und wir wollen diesen Punkt etwas ausführlicher berücksichtigen.

Fräser ohne Bohrung, Kopf- und Halssenker und Reibahlen können mit Erfolg zwischen Spitzen geschliffen werden, wie z. B. in Fig. 69 gezeigt ist, wenn die Spitzen und Zentrierlöcher genau

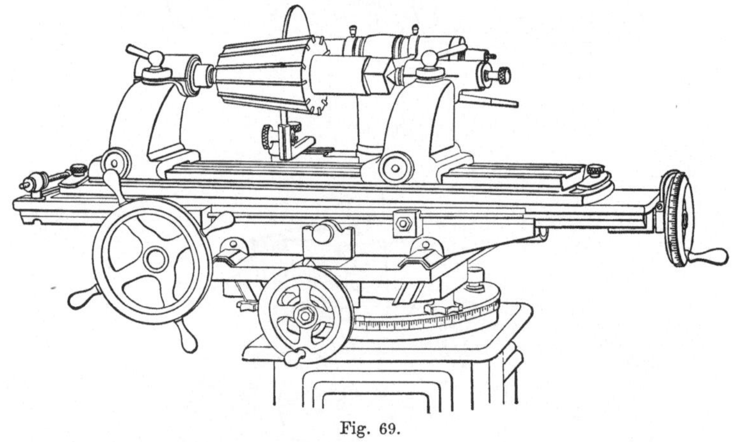

Fig. 69.

und in gutem Zustand gehalten sind. Alle Schneidwerkzeuge mit Bohrungen können nur sauber und richtig geschliffen werden, wenn die Dorne, auf welche sie gespannt werden, ganz genau sind. Diese Bemerkungen können als Kleinigkeiten und als kaum bemerkenswert erscheinen, aber sie sind doch wichtig. Wo ungelernte Arbeiter das Werkzeugschleifen ausführen, müssen Maßregeln angewendet werden, um die Gefahr von Ungenauigkeiten zu vermindern. Schaftfräser können geschliffen werden, wenn sie in der Universal-Aufspannvorrichtung (Fig. 70) gehalten sind. Gebohrte Fräser können genau geschliffen werden, wenn sie auf einer mit der Bohrung genau passenden Stange verschoben werden.

Der Verfasser kennt keine Universal-Werkzeugschleifmaschine, welche für den Gebrauch von Wasser konstruiert ist, obwohl die Anwendung von Wasser für diese Art Arbeit unstreitig von Wert ist.

Nur Spezialmaschinen für das Schleifen von Zahnformfräsern werden mit Wasserkühlung hergestellt. Bei Zahnform- und Fassonfräsern ist die Berührungsfläche des Rades oft so groß, daß ohne Wasserzufuhr die Gefahr des Ausglühens immer vorhanden ist.

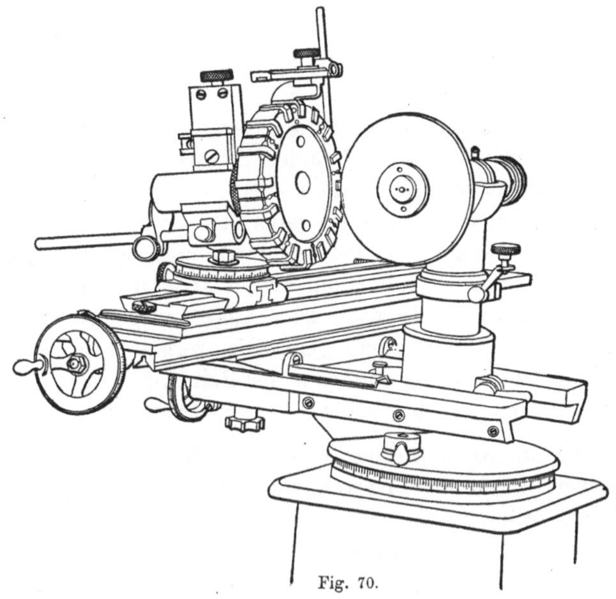

Fig. 70.

Die vielen Einstellungen bei einer Werkzeugschleifmaschine können die Anbringung einer Wasserzufuhr etwas schwierig machen, aber die durch seine Benutzung erzielten Vorteile sind der Aufmerksamkeit des Konstrukteurs wert.

Die Zahnform einer Reibahle und ihr Freischnitt ist viel wichtiger als die des Fräsers; wenn eine Reibahle zu viel Freischnitt hat, wird sie schnell ihre Größe verlieren, und sie wird entweder rattern oder das Loch zerreißen. Grobgezahnte Fräser können leichter und schneller als feingezahnte geschliffen werden, und da sie auch noch andere Vorteile besitzen, soll man diesen Punkt bei der Herstellung und Bestellung berücksichtigen. Fräser von grober Teilung lassen mehr Platz für Späne, und da infolgedessen weniger Reibung vorhanden ist, so erwärmt sich der Fräser bei der Arbeit nur wenig.

Die Schleifräder für das Schleifen von Fräsern müssen weich und von mittlerer Körnung sein; man darf sie nie verglasen lassen, da sie dann den betreffenden zu schleifenden Zahn ausglühen können. Mit Berücksichtigung der Unannehmlichkeiten und Kosten soll man bei der Auswahl des Schleifrades lieber ein zu weiches wählen und in Übereinstimmung mit unserer Liste und Gradierungsmethode dürfte ein 60 J-Rad angemessen sein. Der Fräser soll schnell über die Scheibe mit leichten Schnitten gezogen werden, und sie soll sich immer freischleifen. Eine Scheibe, welche beim Schleifen verglast, ist untauglich für den Fräser-Ausschliff. Es gibt auch andere Ursachen für das Verglasen, welche man leicht vermeiden kann z. B.: die Fräser können fettig sein, oder durch das Anfassen mit fettigen Händen kann die Schleifscheibe schmierig werden, wodurch das Verglasen anfängt. Um das zu vermeiden, sollen die Fräser stets in Sodawasser getaucht werden, wenn sie nach dem Lager zurückgebracht oder bevor sie geschliffen werden. Um die verglaste Schneidfläche des Rades zu entfernen, kann man das Rad mit einem Diamanten oder einem Stück „Carborundum-Kristall“ abziehen.

Die Scheibenschleifmaschine soll noch besonders erwähnt werden, weil durch ihre Anwendung sehr viel Zeit gespart, die sonst durch Feilen in Anspruch genommen wird. Die Maschinen werden heute mit Tischen für winklige und ebene Einstellungen eingerichtet, welche eine genaue Bearbeitung ermöglichen, selbst wenn ungelernte Arbeiter die Maschine bedienen.

Eine vorzügliche und nützliche Vorrichtung für diese Art Schleifmaschinen ist das Magnetfutter (Fig. 71); dieses Werkzeug hat die bisherige Schwierigkeit, Arbeit auf der Scheibenschleifmaschine zu halten, beseitigt: nämlich die Ableitung der Hitze, welche erzeugt wurde, und welche es fast unmöglich machte, dünne Stücke gegen das Rad zu halten. Es besteht aus einer Anzahl in einem unmagnetischen Körper sitzender Magnete.

Das Arbeitsstück wird durch die Magnete gegen die genaue Futterfläche gezogen, und das Ganze wird an der Scheibe mit der

Hand entlang geführt. Eine Stellschraube ermöglicht die Einstellung des Schleifrades, und dies erlaubt die Massenfabrikation mit feinen Fehlergrenzen. Die Arbeit kann sofort in Stellung gespannt werden und zum Abnehmen ist nichts weiter nötig als ein leichter Schlag. Der Spindelkasten ist an einer winklig

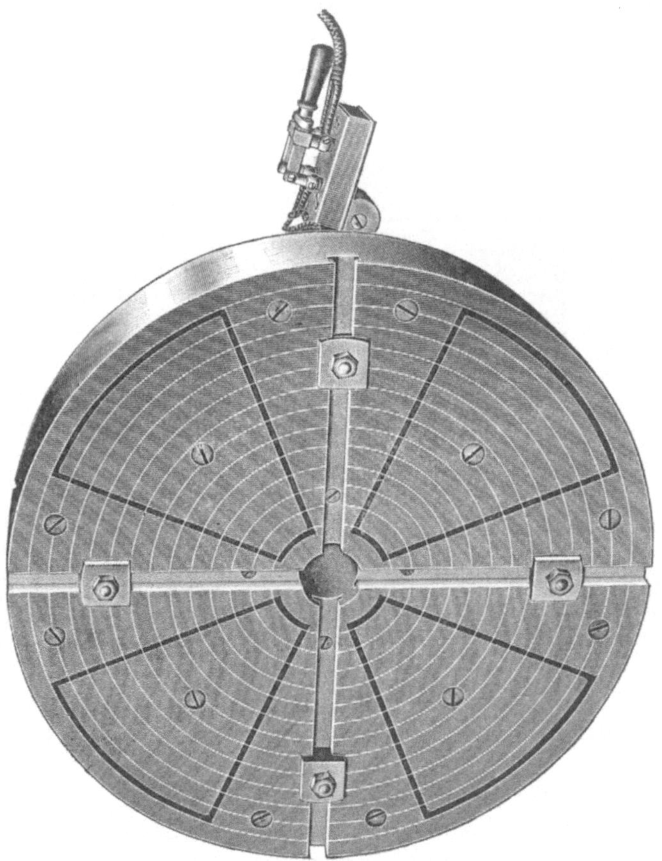

Fig. 71. Magnetfutter.

verstellbaren Platte befestigt und die Spannplatte kann von solcher Gestalt sein, daß auch unregelmäßige Arbeit gehalten werden kann. Das Futter wird, mit Ausnahme des Magneten, aus Aluminium hergestellt und ist deshalb leicht und bequem zu handhaben.

Auch die kleine Scheibenschleifmaschine mit Vorlage Fig. 72 ist ein sehr nützliches Werkzeug für den Schlosser und Monteur; sie soll so konstruiert sein, daß die Scheiben durch Konusdorne gehalten werden, damit Scheiben von verschiedener Gestalt schnell ausgewechselt werden können, und damit man sich darauf verlassen kann, daß sie genau laufen. Eine große Anzahl verschiedenartiger Arbeiten kann mit diesem Bankschleifrad ausgeführt werden, zu welchen sonst mühevolles und langweiliges Feilen nötig ist, oder auf welche man lange warten muß, wenn Hobel- oder Fräsoperationen stattfinden müssen. Die Scheiben sollen etwa von mittlerem Grad sein und nach der Erfahrung ausgesucht werden. Für das Abschleifen von hartem Material können die dünnen elastischen Räder mit Vorteil benutzt werden.

Fig. 72. Scheibenschleifmaschine mit Vorlage.

Zum Schluß sei bemerkt, daß alle Schleifräder genau gehalten werden sollen. Bei den Präzisions-Schleifmaschinen hat hierfür der Schleifer zu sorgen; für die Werkstatt-Schleifräder, welche über die ganze Fabrik zerstreut sind, kann dagegen selten eine bestimmte Person verantwortlich gemacht werden; die Verantwortlichkeit liegt bei der Leitung, und Nachlässigkeiten in dieser Hinsicht können zu unangenehmen Folgen führen.

Eine stark schlagende Schleifscheibe ist gefährlich; ihr Wirkungsgrad wird vermindert und die erzeugte Arbeit schlecht; ihre Exzentrizität wird die Lager lose machen, und sie wird für alle, die in der Nähe sind, gefährlich sein. Es ist unbedingt notwendig, daß eine verantwortliche Person angestellt wird, um die Scheiben hin und wieder zu revidieren und dieselben in gutem Zustande zu halten.

Elftes Kapitel.

Polierwerkzeuge und Hochpolieren.

Eine sauber geschliffene Fläche kann man schon als eine Bearbeitung besonderer Güte bezeichnen; und trotzdem reicht diese Güte für viele Zwecke nicht aus.

Für Präzisionswerkzeuge benutzt man besonders guten Stahl, welchen man härtet, um ihn widerstandsfähiger zu machen; und um diese Widerstandsfähigkeit zu steigern, muß man die arbeitenden Flächen so vollkommen als möglich machen, damit sie ihre richtigen Dimensionen innerhalb sehr feiner Grenzen für eine möglichst lange Dauer beibehalten. Normal-Meßwerkzeuge, Juwelierwalzen und, in besonderen Fällen, die Zapfen von sehr präzis gearbeiteten Maschinen sind Beispiele dafür, bei denen dieser höchste Grad von Bearbeitung notwendig ist, und um ihn zu erzielen, muß man die Zuflucht zum Hochpolieren nehmen, nachdem die Gegenstände sorgfältig geschliffen sind.

Hochpolierwerkzeuge können aus Gußeisen oder Kupfer hergestellt werden, und da sie als eine Art Form für die verlangte Gestalt dienen sollen, müssen sie ganz genau sein. Für zylindrisches Hochpolieren müssen sie vollkommen rund und zylindrisch sein, und für ebene Flächen müssen sie genaue Ebenen bilden. Kupfer kann mehr Schleifmaterial aufnehmen als Gußeisen, behält aber seine Form nicht so gut; es wird auch schneller schneiden, aber es erzeugt Oberflächen, welche nicht so sauber wie die mit Gußeisen erzeugten sind. Kupferpolierscheiben können gebraucht werden, wo das vorangegangene Schleifen nicht gut ausgeführt wurde und wo eine große Zugabe für das Hochpolieren gelassen werden muß. Das beste Material für Polierräder, wenn eine vorzügliche Güte der Arbeit verlangt wird, ist weiches feinkörniges und gut ausgeglühtes Gußeisen, dem nach dem ersten Einreiben kein Schleifmaterial mehr zugefügt werden darf, bis man sicher ist, daß dasselbe zu schneiden aufgehört hat. Wenn wir auf das Polierrad zu viel Schleifmaterial aufladen, bekommen wir eine Roll-Wirkung zwischen Arbeit und Werkzeug, welche genaue Arbeit unmöglich macht. Das Schleifmaterial muß vor allem festhaften, und wenn mehr Schleifpulver zugegeben wird als die Schneidfläche aufnehmen kann, werden lose Körner herumrollen und die Arbeit beschädigen oder in die Oberfäche selbst eindringen, wenn sie weiche Stellen hat. Man soll feines Schmirgelpulver zum Auftragen benutzen und eine kleine Menge soll in einem verdeckten Gefäß fertig zum Gebrauch gehalten werden; man soll es mit ungefähr dem Dreifachen seiner Menge mit Maschinenöl mischen und einige Stunden sich setzen lassen. Das bewirkt, daß alle groben Körner nach unten sinken. Polierdorne für Löcher können aus geschlitzten Büchsen hergestellt werden, welche auf einen Konusdorn passen, der mit Keil versehen ist, um das Herumdrehen der Büchsen zu verhindern. Der Konus kann etwa 1 : 50 Steigung haben und die Büchse 0,05 mm weniger im Durchmesser messen, als der Durchmesser, für den sie bestimmt ist. Um diese Polierdorne einzuschmirgeln, darf nur wenig von dem präparierten Schleifmaterial auf einer gehärteten Stahlplatte gleichmäßig ausgebreitet werden. Ein Stück Gußeisen oder Kupfer kann unter leichtem Reiben für das Ausbreiten benutzt werden, und man muß darauf achten, daß alle vorhandenen Klumpen entfernt werden. Wenn die Platte gleichmäßig bedeckt ist, muß der Polierdorn oder die Scheibe auf der Platte fest nach unten gepresst hin- und hergewälzt werden. Ein Polierdorn, welcher in der angegebenen Weise eingerieben ist, wird dem Loch eine vorzügliche Beschaffenheit geben und keine gewölbte Mündung verursachen. Wenn das Aufbringen durch Aufstreuen des Schmirgels, während der Polierdorn arbeitet, ausgeführt wird, tritt eine rollende Wirkung an beiden Enden des Loches ein, wodurch es gewöhnlich an diesen Stellen größer ausfallen wird.

Für das Hochpolieren zylindrischer Stücke können geschlitzte Büchsen benutzt werden, welche in einen verstellbaren Halter eingepaßt sind, wie z. B. in Fig. 73 gezeigt ist. Das Auftragen kann man durch das Einschmieren der Polierbüchse mit dem präparierten Schmirgel mittels der Finger ausführen, oder die Schirgelpaste kann durch einen gehärteten Stahldorn von kleinerem Durchmesser in die Fläche eingedrückt werden. Dünnes

Maschinenöl ist gegen das Ende der Operation freigiebig zu benutzen, um eine saubere Bearbeitung für Innen- und Außenhochpolieren zu erzielen. Ein gutes Verfahren, um eine vorzügliche Hochpolitur zu erreichen, ist das folgende: Man nimmt ein Stück Flachkupfer, welches auf einer Fläche mit dem feinsten Schmirgelpulver bestrichen ist und drückt es gegen die Arbeit, während sie rotiert. Dabei muß man gleichzeitig das Kupferstück mit einer seitlichen Bewegung über die Arbeit führen, wodurch alle Polierzeichen entfernt und die Fläche gleichmäßiger gemacht wird. Wenn das Polierwerkzeug zu viel oder — im Verhältnis zur Annäherung an das bestimmte Maß — zu schnell schneidet, so kann man durch Benzin verhindern, daß die Arbeit zerrissen oder zerkratzt wird.

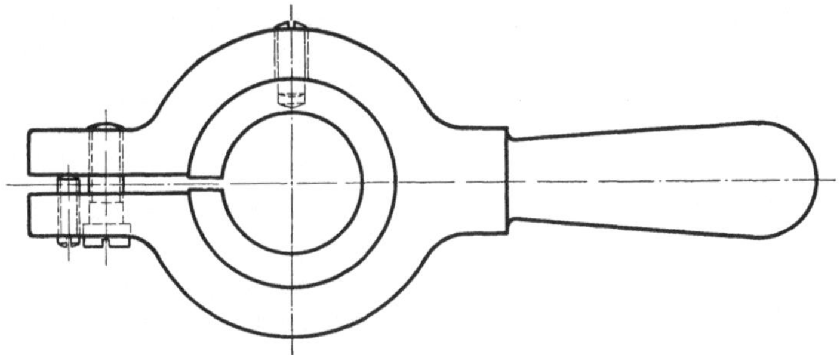

Fig. 73. Polierbüchse mit Halter.

Für das Hochpolieren ebener Flächen ist eine 150 × 100 × 50 mm saubere gußeiserne Platte für kleine Arbeit sehr nützlich; sie soll nach einer Tuschierplatte sorgfältig geschabt werden, und die Schabezeichen sollen so schwach als möglich sein. Am besten stellt man 3 Tuschierplatten her, und schabt sie mit etwas Schmirgel und Öl abwechselnd gegeneinander auf; dies wird die hohen Stellen ausgleichen. Die Polierplatten müssen während des Reibens sorgfältig untersucht werden; den Schmirgel muß man gleichmäßig über die Fläche zerstreuen und wenn sich hohe Stellen zeigen, können sie durch ein kleines ebenes gußeisernes Stück weggerieben werden.

Um die Polierwerkzeuge einzuschmirgeln, muß man den präparierten Schmirgel ganz dünn über die Fläche streichen und ihn mit einem gehärteten Stahlklotz fest in dieselbe drücken ohne zu reiben; das Polierwerkzeug soll dann gesäubert und untersucht werden. Wenn blanke Stellen sich zeigen, kann man annehmen, daß diese Stellen unbestrichen geblieben sind; der Stahlklotz muß dann wieder angewendet werden, bis die ganze Fläche ein gleichmäßiges graues Aussehen bekommt. Wenn das Polierwerkzeug zu scharf schneidet und die Arbeit ritzt, kann man das durch etwas über die Fläche gesprengtes Benzin beseitigen. Das Werkzeug enthält jetzt in seiner Oberfläche festsitzendes Schleifmaterial, derart, daß für längere Zeit kein Schmirgel mehr zugegeben zu werden braucht. Wenn sich blanke Stellen wieder zeigen, kann man den Stahlklotz wieder benutzen. Beim Hochpolieren soll man nur sehr dünnes Öl benutzen, um die Reibungsarbeit zu vermindern. Sobald das Öl anfängt klebrig zu werden und der Arbeit eine unsaubere Politur zu geben, soll man die Platte mit Paraffinöl oder Benzin säubern. Man soll die ganze Fläche so gleichmäßig als möglich benutzen, damit sie ihre Genauigkeit behält. Das Hochpolieren mit der Hand bedarf vieler Geduld, und die Versuchung liegt sehr nahe, das Polierwerkzeug mit Schmirgel zu überladen. Das ist aber strengstens zu vermeiden, weil die Arbeit dann konvex und die Ecken gerundet werden können. Um ebene Flächen mit Erfolg und rationell nachzupolieren, muß das vorhergehende Schleifen gut ausgeführt und die durch das Polieren abzunehmende Material-Menge klein sein; sie soll nie mehr als 0,01 mm betragen.

Für besondere feine Arbeit kann eine Schlichtpolierplatte aus einem dicken Glasstück hergestellt werden; ihre Fläche kann durch Reiben mit einer gußeisernen Polierplatte vorbereitet werden, und sie braucht keine weitere Schmirgel-Auftragung als die, welche sie durch diesen Einreibungsprozeß bekommen hat. Die Polierfläche soll ganz sauber gehalten werden und nur der Atem des Arbeiters soll als Schmiermittel benutzt werden. Diese Polierplatte aus Glas wird gehärtetem Stahl eine glänzende Spiegelfläche geben.

Für das Hochpolieren von Konuslöchern können gußeiserne Dorne benutzt werden, welche zu dem richtigen Konus sorgfältig passend geschliffen wurden. Für das Vor- und Fertigpolieren sollten zwei verschiedene Dorne benutzt werden; der Schmirgel muß in den Schlichtdorn hineingdrückt werden, genau wie es für die Lochpolierbüchse angegeben wurde, und die gleiche Regel gilt für den Schruppdorn, obwohl es vorkommen kann, daß dieser je nach den Fehlern des vorbearbeiteten Konus mit Schmirgel versehen werden muß. Für das Hochpolieren von Konusdornen, von Stücken mit abgesetzter Form, welche zwischen Spitzen rotieren, oder von großen Walzen, kann eine lederbelegte Scheibe oder Trommel benutzt werden. Die Trommel soll in ihrer Stellung genau und gerade gedreht werden, dann wird das Schmirgelpulver und Öl gleichmäßig über das Werkstück geschmiert. Die Trommel soll dann an das Werkstück gebracht werden, bis sie es gerade berührt; diese Berührung genügt vollständig zum Auftrage des Schmirgels auf die Ledertrommel. Die Arbeit muß hin und wieder untersucht werden, um sich zu überzeugen ob die Schleifzeichen verschwunden sind; wenn das der Fall ist, muß der ganze Schmirgel von der Fläche entfernt und solange weiter poliert werden, bis der erwünschte Glanz unter freigiebiger Benutzung sauberen Öls erreicht wurde; auch die ebenen Flächen von Scheiben können in dieser Weise poliert werden.

Das Polieren mit der Cylinderfläche eines Rades ist die langsamste und unbefriedigendste Poliermethode. Da die Berührungsfläche sehr klein ist, wird viel Zeit bei der Operation in Anspruch genommen, und ist immer Gefahr vorhanden, daß das Polierrad einen Druck auf die Arbeit ausübt. Wenn dies der Fall ist, wird das Polierrad eine größere Materialabnahme an den Stellen erzeugen, an denen das Stück weicher ist. Hieraus besonders kann man ersehen, daß die Methode, die für erfolgreiches Polieren angewendet werden muß, ganz im Gegensatz zum Schleifprozeß steht. Bei der ersteren braucht man eine große Berührungsfläche, und das Polierwerkzeug muß in seiner Gestalt genau sein, damit die Arbeit die größte Vollkommenheit unter der Kontrolle des Polierwerkzeugs annehmen kann. Dagegen muß man bei dem letzteren eine große Berührungsfläche vermeiden, um die Temperatur so niedrig als möglich zu halten.

Die Erwärmung der Arbeit muß natürlich in erster Linie berücksichtigt werden, wenn man nach Maß polieren muß, besonders wenn dies durch mechanische Mittel ausgeführt wird. Ein Becken mit Sodawasser soll daher immer zum Abkühlen bereit gehalten werden.

Für das Polieren ebener Flächen, welche man durch einfache Mittel nicht erreichen kann, können kleine gußeiserne Reibstücke benutzt werden; z. B. bei Rachenlehren.

Sie können sorgfältig in derselben Weise wie die Polierplatten vorbereitet sein. Wo ein hoher Glanz nicht nötig ist, können kleine Abziehsteine benutzt werden, d. h. nur so lange wie diese ganz genau sind.

Rillen, Kerben etc. sind für die hier beschriebenen Polierwerkzeuge nicht erforderlich; ebensowenig ist es nötig, einige Stellen der Fläche mit einem weicheren Metall zu besetzen. Es glauben zwar viele, mit solchen Hilfsmitteln schneller polieren zu können, aber der Erfolg ist sehr zweifelhaft und es ist immer die Gefahr vorhanden, daß Körner sich lösen und die Arbeit zerreißen und zerkratzen. Die Schleifmaschine soll benutzt werden, um der Arbeit ihre richtige Gestalt und die richtigen Maße zu geben, mit der kleinsten möglichen Zugabe, welche zur Erzielung einer mehr oder weniger vollkommenen Fläche nötig ist. Das Polierwerkzeug soll nur benutzt werden, um genau vorgearbeitete Flächen auf die höchste Vollkommenheit zu bringen.

Zwölftes Kapitel.

Meßwerkzeuge und Lehren.

Wenn wir das Schleifen in der Absicht eingeführt haben, Maschinenteile rationell und genau fertig zu bearbeiten, so müssen wir uns nun auch Meß-Werkzeuge verschaffen, welche uns durch Kontrolle bei der Fabrikation helfen. Alle groben Meßwerkzeuge, welche für die vorhergehende maschinelle Bearbeitung benutzt wurden, werden nur bis zu einer bestimmten Grenze benutzbar sein; dann muß man Werkzeuge suchen, welche feiner und genauerer sind, damit die verlangten Resultate schnell erreicht werden können. Beim Schleifen von Wellen können wir die gewöhnlichen Federtaster mit Vorteil benutzen, bis unser Tastsinn uns sagt, daß wir einen Punkt erreicht haben, wo eine genauere Messung beginnen muß; und diejenigen Schleifer, welche keine Erfahrung in der Benutzung der Federtaster haben, werden finden, daß es ihnen große Vorteile bringt, sich diese Erfahrung recht bald anzueignen.

Wenn lange biegsame Wellen geschliffen werden, wird, wenn der Schleifer mit dem Federtaster geschickt ist, sehr erhebliche Zeit erspart, welche sonst für das Anhalten der Maschine zur Nachmessung in Anspruch genommen wird. Einige Leute sind besonders mit diesem Werkzeug geschickt. Da diese Geschicklichkeit aber nicht allgemein vorhanden ist, genügt es zu sagen, daß der Taster mit Vorteil bis zu einem bestimmten Punkt je nach der Geschicklichkeit und Urteilsfähigkeit des Arbeiters benutzt werden kann. Dann folgt als das billigste und bekannteste Werkzeug: die Mikrometerschraube. Es steht als Vorzug dieses Meßinstrumentes unstreitig fest, daß ein Hilfsmittel, bei welchem die wirklichen Dimensionen eines Arbeitsstückes abgelesen werden können, für die Schleifmaschine eine Notwendigkeit und dem Gebrauch jedes anderen Werkzeugs vorzuziehen ist. Man soll das Mikrometer aber nicht als feste Lehre benutzen, indem man z. B. die Schraube auf ein bestimmtes Maß einstellt und dann schätzt, wie viel man abschleifen müsse, bis die Lehre gerade paßt. Das Mikrometer war nie für diesen Zweck beabsichtigt und kann leicht zu groben Fehlern führen, wenn es in dieser Weise benutzt wird. Die Meßbacken müssen immer gegen die Arbeit geschraubt werden, bis sie dieselben leicht berühren und die wirkliche Dimension von der Skala abgelesen werden kann.

Für die letzten Kontrolle der Arbeitsstücke ist die Toleranz-Rachenlehre das beste Meßwerkzeug, und sie ist unbedingt notwendig, um Streitigkeiten bei der Messung durch verschiedene Personen zu vermeiden. Oft bestehen schon große Unterschiede zwischen den Ansichten mehrerer Arbeiter, selbst wenn sie mit derselben Mikrometerschraube messen; und das steigert sich natürlich, wenn die Arbeit durch zwei oder mehr Hände geht, und wenn jeder ein anderes Werkzeug benutzt. Jede gut organisierte Fabrik soll Toleranz-Tabellen für schiebende, laufende und festsitzende Passungen haben, und diese Toleranzen können in den gegenüberliegenden Rachen der Lehren dargestellt werden. Es sollen mindestens zwei Sätze Lehren existieren, ein Satz für den Schleifer und der andere für den Revisor. Die Rachenlehre hat viele Vorzüge; sie kann leicht in jeder Fabrik, welche eine Werkzeugmacherei hat, hergestellt werden, obwohl es besser ist, Normalien von Spezial-Firmen zu kaufen. Sie eignet sich für runde und flache Arbeit. Für die erstere ist sie besser als ein Kaliberring, weil sie die Fehler in der Rundheit leichter aufdeckt. Wie alle anderen Werkzeuge wird die Rachenlehre stets von unverständigen Arbeitern mißhandelt; sie soll durch ihr eigenes Gewicht über die Arbeit gleiten, und bei größeren Lehren kann selbst dieses Gewicht schon zu groß sein. Man darf sie nie über die Arbeit drücken. Bei Rachenlehren mit einer Toleranz von 0,01 mm, soll das Min.-Ende nicht über die Arbeit gehen, während das Max.-Ende leicht mit etwas Spiel übergleiten kann. Durch die Benutzung dieser Grenzlehren wird die gebrauchte Zeit auf ein Minimum herabgedrückt, und die größte Gleichmäßigkeit der Arbeitsstücke erzielt.

Man wird zugeben müssen, daß, abgesehen von der Güte der Maschine, die Intelligenz des Schleifers von Bedeutung ist. Einige Leute sind sehr langsam beim Messen, scheinen dem, was sie ablesen, nicht zu vertrauen, und schleifen immer wieder über ein Werkstück, je mehr sie sich dem fertigen Maße nähern.

Bei dem Gebrauch der Toleranz-Rachenlehren ist diese Vorsicht garnicht notwendig, wenn die Grenzen nicht übertrieben fein gesetzt werden. Nach kurzer Zeit wird der Arbeiter finden, daß das allzu genaue Messen mit dem Mikrometer nicht nötig ist; vielmehr wird er finden, daß er die Mikrometerschraube beiseitelegen und die Toleranzlehre mit ihrem konstanten Maß nehmen kann, wenn er beinahe an das richtige Maß gekommen ist. Seine erlangte Geschicklichkeit wird ihn allein durch die Funkenmenge fast den genau richtigen Augenblick erkennen lassen, bei dem das Max.-Ende seiner Lehre über die Arbeit gleitet.

Lehren sind heutzutage billig, und wenn man die dadurch erzielten Vorteile berücksichtigt, ist es geradezu teuer, wenn man sie nicht anwendet. Für die Revisionsabteilung sind sie besonders wertvoll, wenn es sich um Annahme oder Zurückweisung der Arbeit handelt. Hier sind die Mikrometer nicht so gut, weil sie für jede Größe eingestellt werden müssen, hierzu kommt der Unterschied bei der Skalenablesung der einzelnen Leute. Bei den Rachenlehren kommen Meinungsverschiedenheiten nicht vor, und das Revidieren wird beschleunigt.

Mikrometer-Einsatzschrauben ohne Bügel sind verhältnismäßig billig und können für verschiedene Arbeiten benutzt werden. Beim Planschleifen können sie an einem verstellbaren Lineal befestigt und als Tiefenmaß benutzt werden. Für Arbeiten zwischen Spitzen, wie Fräser mit ungleicher Zähnezahl, kann die Schraube an einem Halter montiert werden, welcher an dem Tisch der Maschine befestigt wird; die Schraube wird dann zunächst mittels einer Normalmeßscheibe eingestellt. Für das Messen von großen Durchmessern kann die Mikrometerschraube in einem hufeisenartigen Bügel mit einem verstellbaren Stahlambos auf der gegenüberliegenden Seite befestigt werden.

Das Stahlband ist als zuverlässiges und gutes Meßwerkzeug für sehr große Durchmesser zu benutzen. Es wird am meisten bei der Walzenfabrikation angewendet. Wenn das Band mit feiner Skala versehen ist, kann ein Durchmesser-Fehler von 0,025 mm leicht entdeckt werden, und das ist sehr genau für Stücke von 300 mm Durchmesser oder mehr. Seine Anwendung durch strammes Ziehen um die Arbeit, ermöglicht, daß es die Temperatur der Körper schnell annimmt.

Man soll darauf achten, daß die Wärme der Hand die Messung des Meßwerkzeuges nicht beeinflußt. Das Halten des Mikrometers mit der bloßen Hand für einige Sekunden wird es so ausdehnen, daß man falsche Maße erhält. Große Werkzeuge dehnen sich natürlich verhältnismäßig mehr aus, und daher soll die Stelle, wo die Hand anfaßt, mit einem nichtleitenden Material versehen sein. Große Meßwerkzeuge sollen auch so leicht wie möglich sein, damit das Gewicht den Tastsinn nicht beeinflusst. Für das Revidieren der Gradheit von großen zylindrischen Körpern kann ein genaues Lineal benutzt werden, wenn beide Enden gleichen Durchmesser haben. Zum Messen wird das Lineal genau parallel zur Achse auf das Werkstück gelegt. Ist die Arbeit innerhalb sehr enger Grenzen zylindrisch, so wird an der Berührungsstelle kein Lichtstrahl einer dahinter aufgestellten Lampe durchdringen. Die Lichtprobe ist sehr scharf, und ein Walzenpaar wird, wenn die Achsen ganz parallel zueinander liegen, Durchmesserfehler von 0,0025 mm oder weniger erkennen lassen.

Das Nachmessen von konischen Werkstücken kann durch den Lichtversuch mit einer Vorrichtung ausgeführt werden, welche Fig. 74 und 75 zeigen und welche kaum der Erklärung bedarf. A ist eine gußeiserne Platte, welche eine T-Nut hat, um die verstellbaren Prismen und V-Platten aufzunehmen; ein verstellbares Lineal wird an einem vertikalen Bock befestigt und zuerst nach einem Konusdorn gestellt. Der zu schleifende Konus wird dann eingepasst, bis er das Licht nicht durchläßt. Für kleine Konen können höhere V-Platten und zur Untersuchung von Keilen können flache Platten eingesetzt werden. In die T-Nut von A kann man einen Anschlag, gegen den die Konen anzulegen sind, einsetzen, und der Durchmesser der Hauptkonuslehre kann dann durch Ansetzen vervielfältigt werden. Die Kante des Lineals muß genau in der Mitte und parallel mit den V-Platten stehen, und das Lineal soll auch selbst ganz genau sein und eine scharfe Kante haben.

Für das Nachmessen von Bohrungen ist das Endmaß mit Kugelflächen das beste Meßwerkzeug. Es ist empfindlicher als ein Kaliberdorn, weil es leichter ist; es klemmt sich nicht im Arbeitsstück ein und stört auch nicht die Einspannung der Arbeit; endlich wird es ähnlich wie die Rachenlehre zeigen, ob das Loch rund ist. Es hat eine große Lebensdauer, wenn es so hergestellt ist, daß die Kugelfläche den Radius des Loches hat. Es empfiehlt sich für Normalgrößen die Endmaße in dieser Weise herzustellen.

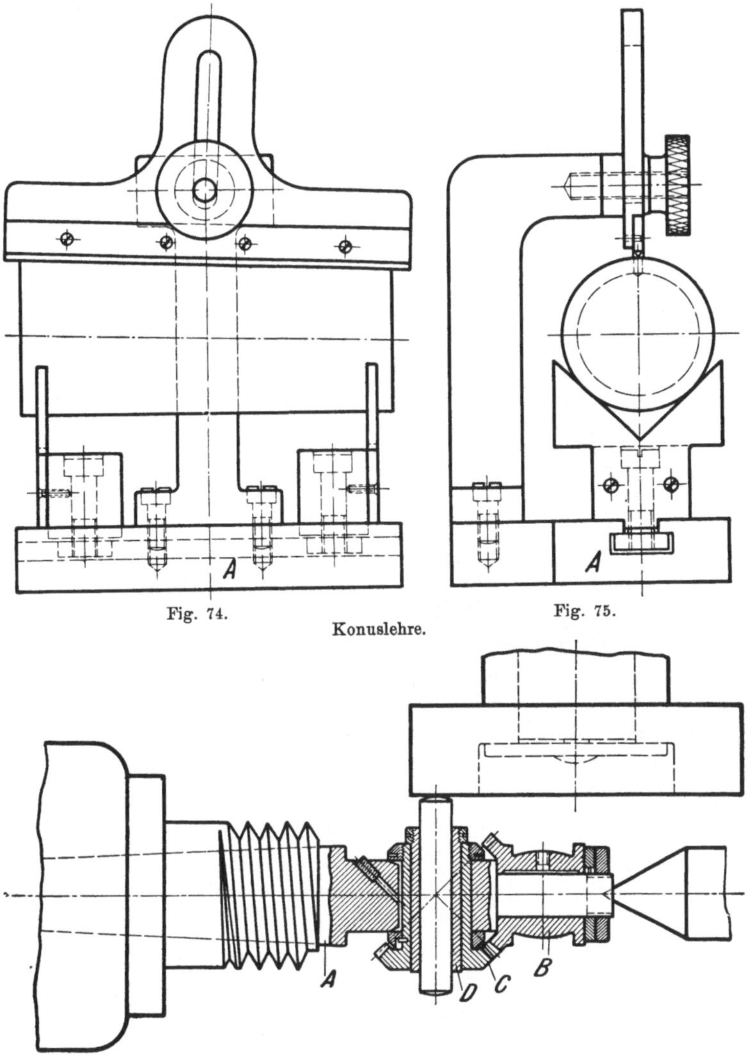

Fig. 74. Fig. 75.
Konuslehre.

Fig. 76. Endmaß-Schleifvorrichtung.

Fig. 76 zeigt eine einfache Vorrichtung für eine Rundschleifmaschine, welche den verlangten Radius für die Kugelfläche der

Endmaße erzeugt. A ist ein Gußstahl-Dorn, welcher in die Bohrung der Arbeitsspindel paßt; der Dorn wird an einem Ende gebohrt und gedreht, um die Kegelräder B und C aufzunehmen. Rad C hat ein Konusloch zur Aufnahme der Büchse D, welche nach dem Durchmesser der zu schleifenden Endmaße gebohrt wird, die Büchse ist geschlitzt und an einem Ende mit einer Mutter versehen, damit die Stangen fest gespannt werden können. Um die Enden der Stangen zu schleifen, werden sie in der Vorrichtung genau eingestellt. Die Arbeitsspindel rotiert, während ein leichter Riemen auf B die Stange um ihre eigene Achse dreht. B kann man bequem durch eine Riemenscheibe treiben, welche sich vierzig- bis fünfzigmal so schnell drehen soll wie die Arbeitsspindel. Ein weiches tassenartiges Schleifrad von feiner Körnung

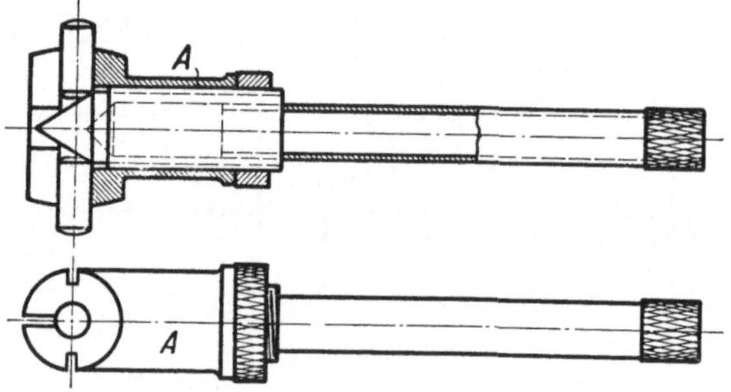

Fig. 77. Verstellbares Endmaß.

soll benutzt werden. Diese sphärischen Endmaße eignen sich nicht nur für diese Lochmessungen, sondern auch für Normallängenmaße, und sie können auch noch zu vielen anderen Zwecken benutzt werden. Ein verstellbares Endmaß zeigt Fig. 77 in sehr nützlicher und einfacher Konstruktion. A ist ein Stahlstück, welches gebohrt, gedreht, mit Gewinde versehen und geschlitzt wurde. In das Stahlstück wird eine mit Kegelkopf und mit feinem Gewinde versehene Schraube eingepaßt, welche zur Verminderung des Gewichtes ausgebohrt ist. Zum Anfassen dient ein hohler Holz- oder Aluminiumgriff. Mittels einer kordierten Stellmutter kann die Schraube in jeder beliebigen Stellung festgestellt werden. Der Endmaßsatz steigt von 6 mm zu 6 mm; die dazwischen liegenden Maße werden durch die beschriebene Vorrichtung ausgeglichen. Die Endmaße sollen aus gehärtetem

Werkzeugstahl hergestellt sein und in dem geschlitzten Loch von A fest passen. Sie werden durch die Schraube auseinander gedrückt, und mit den Fingern wieder zusammengepreßt. Dieses kleine Werkzeug ist zuverlässiger als die gewöhnlichen Federtaster, und da die Mikrometerschraube zu seiner Einstellung nötig ist, hat man den Vorteil durch genaue Messungen feststellen zu können, wie die Arbeit fortschreitet. Für Bohrungen, welche größer sind als die Menschenhand, ist die gewöhnliche Innenmikrometerschraube als das richtige Meßwerkzeug zu benutzen.

Für das Revidieren der Genauigkeit zylindrischer Körper oder für das Einspannen oder Kontrollieren der Arbeit auf der Flächenschleifmaschine ist der Fühlhebel sehr wertvoll. Ein Fühlhebel mit genauer Einteilung ist viel besser für diesen Zweck als die gewöhnlichen Tiefenmaße oder Reißstöcke. Der Unterschied zwischen diesen entspricht demjenigen zwischen der Mikrometerschraube und dem Federtaster. Der Reißstock zeigt nur, daß ein Fehler vorhanden ist, während der Fühlhebel nicht nur den Fehler, sondern auch die Größe desselben zeigt.

Die meisten Werkzeuge, die hier angegeben sind, sind von hoher Empfindlichkeit und man muß darauf achten, daß sie nicht mißhandelt werden; die Temperatur der Arbeitsstückes sowie des Meßwerkzeuges selbst soll immer berücksichtigt werden. Um sich zu versichern, daß die Genauigkeit dieser Präzisions-Werkzeuge erhalten bleibt, ist es notwendig, daß ein zuverlässiger Arbeiter die Werkzeuge hin und wieder untersucht, und die nötigen Einstellungen besorgt.

Es gibt viele andere Werkzeuge, die nicht nachgestellt werden können, und die trotzdem hin und wieder revidiert werden sollen, z. B. Winkel, Lineale, Prismen, Unterlegstücke, usw. Gleichviel wie groß der Ruf eines Werkzeugfabrikanten sein mag, oder gleichviel wie sorgfältig die Werkzeuge an sich gemacht sein mögen, man darf nie annehmen, daß ihre ursprüngliche Genauigkeit ständig erhalten bleibt. Trotz der Vorsicht, welche bei der Herstellung von Meßwerkzeugen angewandt wird, können dieselben beständig ihre Form ändern. Diese Änderungen können sehr klein sein und sind oft schwer zu finden, aber Fehler in den Werkzeugen übertragen sich vervielfältigt auf die Arbeit. Unsere Kenntnisse von den Eigenschaften der Metalle schützen uns nicht vor diesen Fehlern, und man muß von vornherein immer annehmen, daß alles ungenau ist. Ein Paar heute genau hergestellte Parallelstücke können nach einigen Tagen ungenau sein; nicht durch Mißbrauch bei ihrer Benutzung, sondern durch innere Änderungen, welche wir nicht in der Lage sind zu verhindern.

Tabelle der Geschwindigkeit von Schleifrädern.

Umdrehungszahl pro Minute bezogen auf die Umfangsgeschwindigkeit[1]).

Durchmesser	Umfangsgeschwindigkeit in m pro Minute			
	1500	1800	2100	2400
25 mm	19000	22900	26700	30500
50 „	9550	11500	13400	15300
75 „	6375	7650	8950	10200
100 „	4775	5725	6700	7650
125 „	3825	4580	5360	6110
150 „	3180	3825	4460	5100
175 „	2730	3275	3830	4375
200 „	2380	2870	3350	3825
250 „	1900	2290	2675	3050
300 „	1600	1900	2230	2550
350 „	1360	1640	1910	2180
400 „	1200	1440	1675	1910
450 „	1060	1275	1490	1700
500 „	955	1150	1340	1530
550 „	870	1040	1220	1390
600 „	800	955	1115	1275
750 „	640	765	895	1020
900 „	530	635	745	850

[1]) Die Umdrehungszahlen sind abgerundet angegeben.

Sachverzeichnis.